Konstruktionen und Bauelemente von Strömungsmaschinen

Von

Dr.-Ing. H. Petermann

o. Professor an der Technischen Hochschule Braunschweig
Direktor des Pfleiderer-Instituts für Strömungsmaschinen

Mit 241 Abbildungen

Springer-Verlag Berlin Heidelberg GmbH 1960

Vorwort

An vielen Hoch- und Fachschulen werden sämtliche Strömungsmaschinen nicht nur in den Vorlesungen, sondern auch in den Konstruktionsübungen gemeinsam erfaßt. Hat hierbei beispielsweise ein Student die Turbine einer Gasturbinenanlage zu entwerfen, so wird er zunächst ebenso wie bei dem Entwurf einer Kreiselpumpe oder eines Kreiselverdichters prüfen, ob ein Radialrad oder ein Axialrad zweckmäßigerweise zu wählen ist. Fällt die Wahl auf das Radialrad, so sind bei dem Entwurf in vielen Punkten ähnliche Überlegungen anzustellen, wie sie sich bei den Konstruktionen einer Francis-Wasserturbine und eines Radialverdichters ergeben. Fällt die Wahl auf das Axialrad, so ergeben sich bei der Läufer- und Schaufelkonstruktion viele Parallelen zu einem Dampfturbinenentwurf. Bei der Gehäusekonstruktion und der Befestigung des Gehäuses auf der Grundplatte sind Überlegungen anzustellen, die grundsätzlich für all die Strömungsmaschinen gültig sind, in denen größere Temperaturschwankungen auftreten, die also auch für Dampfturbinen, Turbokompressoren, Hochdruck-Hochtemperatur-Kesselspeisepumpen, Kessel-Saugzug-Gebläse, Umwälzpumpen heißer Flüssigkeiten usw. gelten. Hat der Student in dieser Weise seinen Entwurf durchgearbeitet, so hat er nicht nur enge Spezialkenntnisse erworben, sondern einen breiten Einblick in das gesamte Gebiet der Strömungsmaschinen genommen.

Konstruktionsübungen lassen sich nur durchführen, wenn der Studierende anhand von ausgeführten Konstruktionen sieht, wie diese oder jene Aufgabe gelöst werden kann. Werden die Konstruktionsübungen wie oben beschrieben durchgeführt, so sind dem Studenten Unterlagen in die Hand zu geben, die alle Strömungsmaschinen betreffen und bei denen die einzelnen Arten der Strömungsmaschinen nicht hintereinander sondern parallel behandelt werden. Eine solche Zusammenstellung von Konstruktionsunterlagen gab es bisher noch nicht und deshalb wurde die vorliegende Sammlung „Konstruktionen und Bauelemente von Strömungsmaschinen" zusammengestellt.

Aufgabe vorliegender Sammlung soll es sein, nicht nur dem Studenten, sondern auch dem in der Praxis stehenden Ingenieur Anregungen und Hinweise zu geben. Dieser darf nämlich nicht nur sein eigenes, enges Fachgebiet beobachten, sondern er muß — wenn er fortschrittlich arbeiten will — auch die benachbarten Fachgebiete im Auge behalten.

Bei der Auswahl der in diese Sammlung aufgenommenen Unterlagen wurden zunächst neuzeitliche Konstruktionen bevorzugt, die auch in Zukunft richtungweisend sein werden. Sie betreffen vor allem: Dampfturbinen für hohe Dampfdrücke und -Temperaturen, Hochdruckkesselspeisepumpen, Gasturbinen, Axialverdichter, Abgasturbolader, Kreiselpumpen und Kreiselverdichter mit hohem Wirkungsgrad, Verstellpropellerpumpen, Gleitringwellendichtungen, Pumpen und Verdichter ohne Stopfbüchsen. Daneben wurden auch Bauelemente älterer Konstruktionen berücksichtigt, die ein Student unbedingt kennen muß, so Packungsstopfbüchsen, Verstellmöglichkeiten der Schaufeln bei Wasserturbinen und Verdichtern, Schaufel- und Laufradbefestigungen usw. Zur klaren und eindeutigen Darstellung einer Maschine oder eines Maschinenteils reicht oft eine einzige Schnittzeichnung nicht aus. Deshalb wurden, soweit es möglich und erforderlich war, mehrere Bilder zur Darstellung eines Problems zusammengestellt. Schließlich mußte bei der Auswahl der Abbildungen auf die Beschaffung der Vorlagen und auf die Klischeeanfertigung Rücksicht genommen werden.

Als Einheitensystem wird das reine technische Maßsystem benutzt. Diese Wahl wurde getroffen, weil das gemischte Vierersystem für wissenschaftliche Arbeiten ungeeignet ist, und weil bei Verwendung des MKSA-Systems die Angabe von Drücken in Newton/m² erfolgen müßte, was im Maschinenbau nicht üblich ist. Als Einheit der Kraft und des Gewichtes wird das kg benutzt, weil andere Bezeichnungen sich insbesondere für Gewichtsangaben noch nicht eingeführt haben.

Bestens danke ich den Firmen (vgl. S. 75), die ihre Unterlagen in entgegenkommender Weise zur Verfügung stellten. Mein besonderer Dank gilt dem Springer-Verlag, der keine Mühe scheute, um eine gute Wiedergabe der Abbildungen zu erreichen. Bei den Korrekturen haben mich meine Assistenten unterstützt, was ich dankend anerkenne.

Braunschweig, im Januar 1960

Hartwig Petermann

ISBN 978-3-540-02588-7   ISBN 978-3-662-12182-5 (eBook)
DOI 10.1007/978-3-662-12182-5

Alle Rechte, insbesondere das der Übersetzung in fremde Sprachen, vorbehalten
Ohne ausdrückliche Genehmigung des Verlages ist es auch nicht gestattet,
dieses Buch oder Teile daraus auf photomechanischem Wege
(Photokopie, Mikrokopie) zu vervielfältigen
© by Springer-Verlag Berlin Heidelberg 1960
Ursprünglich erschienen bei Springer-Verlag OHG., Berlin/Göttingen/Heidelberg 1960

Inhaltsverzeichnis

	Seite
1 Lauf räder	4
1.1 Radialräder	5
1.2 Axialräder	10
1.3 Läuferkonstruktionen	23
2 Leitvorrichtungen und Leiträder	28
3 Herstellung von Schaufeln	30
4 Ausgleich des Axialschubes	32
5 Kühlung und Heizung an Strömungsmaschinen	32
5.1 Kühlung des Arbeitsmediums zwecks Arbeitsersparnis bei Verdichtern	32
5.2 Kühlung einzelner Bauteile aus Gründen der Festigkeit	35
5.3 Heizung an Strömungsmaschinen	39
6 Gehäusekonstruktionen und zum Gehäuse gehörende Einzelteile	40
6.1 In der Axialebene geteilte Gehäuse	40
6.2 Gehäuse in Ring- oder Topfbauweise	52
7 Wellendichtungen	66
7.1 Berührungsdichtungen	66
7.2 Berührungsfreie Dichtungen	71
7.3 Stopfbüchslose Strömungsmaschinen	73
Firmenbezeichnungen	75
Quellenverzeichnis	75
Sachverzeichnis	76

1 Laufräder

a) $n_q = 3{,}0$ [1] b) $n_q = 7{,}5$ c) $n_q = 5{,}0$ d) $n_q = 96$

e) $n_q = 120$ f) $n_q = 135$ g) $n_q = 300$

h) $n_q = 27$ i) $n_q = 55$ k) $n_q = 110$

l) $n_q = 164$ m) $n_q = 275$

---

[1] Spez. Drehzahl $n_q = n\sqrt{V}/H^{3/4}$ mit Drehzahl n in U/min, Volumenstrom V in m³/s und Fall- bzw. Förderhöhe H in m.

1.1 Radialräder

n) $n_q = 22$ o) $n_q = 30$ p) $n_q = 60$ q) $n_q = 64$ r) $n_q = 90$

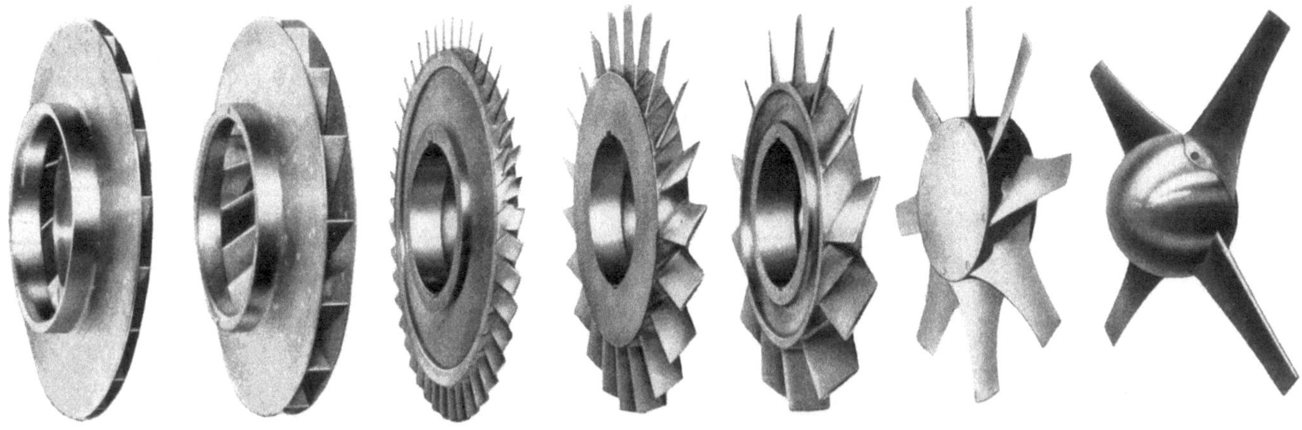

s) $n_q = 27$ t) $n_q = 68$ u) $n_q = 82$ v) $n_q = 135$ w) $n_q = 164$ x) $n_q = 250$ y) $n_q = 400$

Abb. 1.0.1 a—y. **Laufräder von Strömungsmaschinen** verschiedener spezifischer Drehzahl (Escher Wyss).
a)—g) Wasserturbinen, h)—m) Wasserpumpen, n)—r) Dampfturbinen, s)—y) Verdichter

1.1 Radialräder

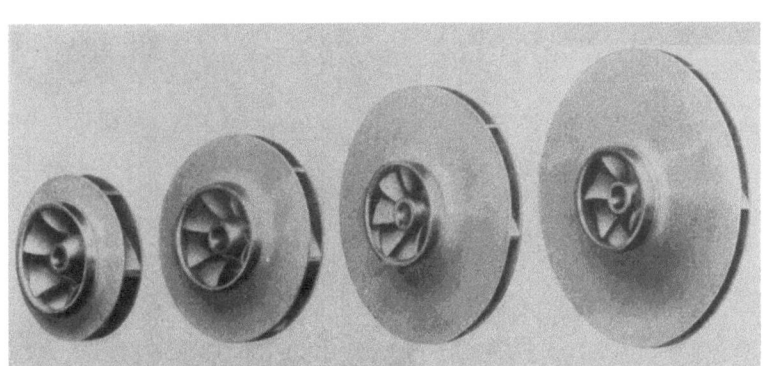

Abb. 1.1.1. **Radiale Kreiselpumpenlaufräder** gleicher Stutzenweite, jedoch von verschiedenem Außendurchmesser. Die **Laufschaufeln sind weit in den Saugmund hineingezogen.** Den Querschnitt einer Pumpe mit dem links dargestellten Laufrad zeigt Abb. 6.2.1. (KSB)

Abb. 1.1.2. **Radiales Gebläselaufrad,** bei dem die **Laufschaufeln weit in den Saugmund hineingezogen** sind. Die Schaufeln sind mit den Radwänden verschweißt. (MAN)

Abb. 1.1.3. **Läufer eines Strahltriebwerkes.** Im Vordergrund das Laufrad des einstufigen Radialverdichters großer Förderhöhe. Das im Hintergrund gezeigte Turbinen-Laufrad ist in Abb. 1.2.7 größer dargestellt. (Havilland)

Abb. 1.1.4. **Laufrad einer radialen Abgasturbine.** (Zugehöriger Leitapparat Abb. 2.1; Einbau Abb. 1.1.4a) (amer. de Laval)

Abb. 1.1.5. **Laufrad einer Francis-Wasserturbine.** $N = 61550$ PS; $H = 56{,}5$ m; $V = 95$ m³/s; $n = 150$ U/min (Escher Wyss)

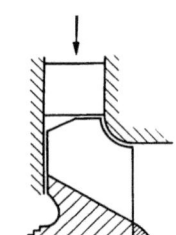

Abb. 1.1.4a. Einbauschema der Abgasturbine, deren Laufrad in Abb. 1.1.4 gezeigt ist.

Abb. 1.1.6a

Abb. 1.1.6a u. b. **Laufrad einer zweiflutigen, radialen Wasserturbine,** deren Querschnitt Abb. 1.1.6c zeigt. Außendurchmesser 1100 mm (Charmilles) Abb. 1.1.6b u. Abb. 1.1.6c s. S. 7.

1.1 Radialräder

Abb. 1.1.6b

Abb. 1.1.6c. **Francis-Wasserturbine,** deren Laufrad in Abb. 1.1.6a und 1.1.6b dargestellt ist. Leistung 10 000 PS; Fallhöhe 177 m; Drehzahl 750 U/min. Max. Wirkungsgrad 93 % (Charmilles)

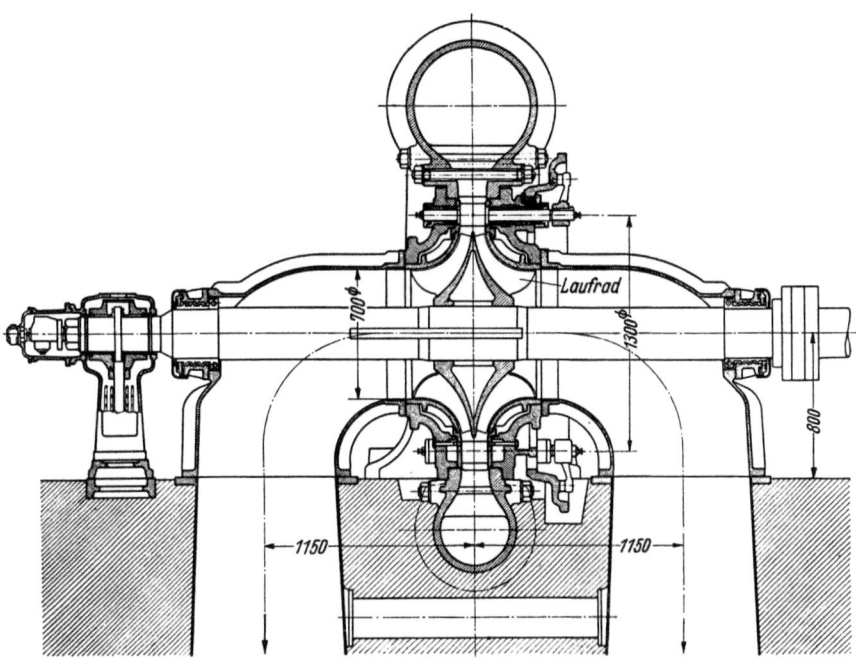

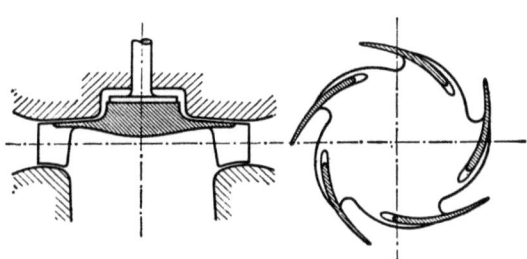

Abb. 1.1.7. **Laufrad einer Schöpfwerkspumpe.** Pumpenwirkungsgrad über 80 % (Werkspoor)

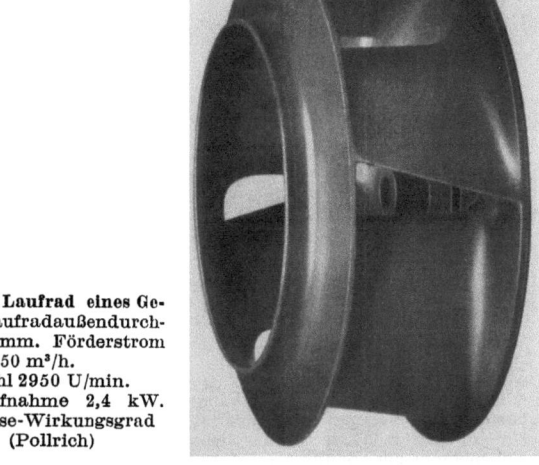

Abb. 1.1.8. **Laufrad eines Gebläses.** Laufradaußendurchmesser 533 mm. Förderstrom 5350 m³/h. Drehzahl 2950 U/min. Leistungsaufnahme 2,4 kW. Max. Gebläse-Wirkungsgrad 89 % (Pollrich)

Abb. 1.1.9. **Laufrad eines zweiflutigen Gebläses mit Profilschaufeln.** Die vordere Deckwand wurde für die Aufnahme entfernt.
Förderstrom: 33 m³/s
Förderhöhe: 124 mm WS
Drehzahl: 550 U/min
Max. Gebläse-Wirkungsgrad: 86 %
Laufrad-Außendurchmesser: 1680 mm
(Schilde)

Abb. 1.1.10. **Laufräder von Ventilatoren mit nach vorwärts gekrümmten Schaufeln.** Die mit solchen Rädern erreichten Druckziffern sind hoch, die Gebläse-Wirkungsgrade sind aber gering und liegen meist nur wenig über 50 %. Die Zentrifugalkräfte der Schaufeln konnten bei dem linken Rad nicht mehr durch den äußeren Ring aufgenommen werden. Zur Verstärkung wurden deshalb Streben eingebaut. (Sulzer)

Abb. 1.1.11. **Schaufelbefestigung von Radialschaufeln** einer Dampfturbine. Die Fußplatten der Schaufeln werden in schwalbenschwanzförmige nach außen konisch sich verengende Nuten im Radkörper eingesetzt. Durch die Fliehkraft werden die Schaufeln fest in den Sitz eingepreßt. (MAN)

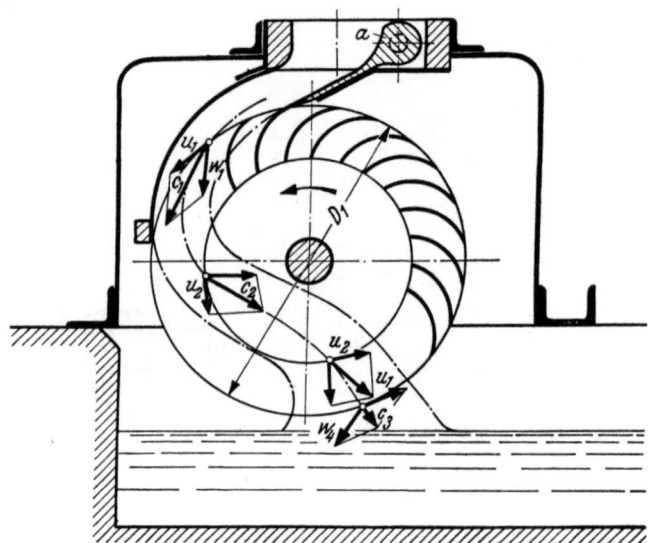

Abb. 1.1.12. **Durchströmwasserturbine.** Der Düsenquerschnitt kann durch Klappe a verändert werden. Die axiale Länge der Maschine wird durch die zu verarbeitende Wassermenge bestimmt. Max. Wirkungsgrad über 80% (Ossberger)

Abb. 1.1.13. **Durchströmgebläse** (Querstrom-Gebläse) mit freier Ansaugung, Diffusor aufgedeckt. Der nicht beaufschlagte Teil des Laufrades läuft im Gegensatz zur Durchström-Wasserturbine (Abb. 1.1.12) im Arbeitsmedium um. Dadurch entstehen hohe Ventilationsverluste. (Pollrich)

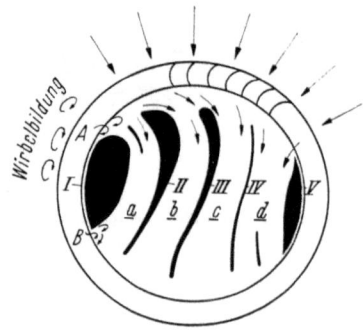

Abb. 1.1.13a. **Innenleitrad eines Durchströmgebläses** (Pollrich)

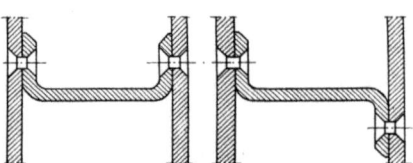

Abb. 1.1.15. **Vernietung von U- und Z-förmigen Laufschaufeln eines Radialverdichters** (Demag)

Abb. 1.1.14

Abb. 1.1.14. **Nabenscheibe eines Radialgebläses** mit eingefrästen Vertiefungen zur Aufnahme der Schaufeln. Nach dem Einsetzen werden die Schaufeln verschweißt.

1.1 Radialräder

Abb. 1.1.16. **Nabenscheibe eines Radialverdichters** mit aufgenieteten Laufschaufeln. Zur Fertigstellung des Rades muß noch die Deckscheibe aufgenietet werden. (Demag)

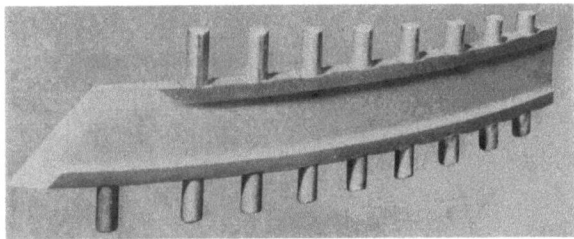

Abb. 1.1.17 **Laufschaufel eines Radialverdichters.** Diese Schaufel wird mit der Deck- und Nabenscheibe vernietet. Die Nietzapfen sind aus dem vollen Material des Schaufelblechs herausgefräst. Der Querschnitt der Schaufel ist zur Mitte hin durch Ausfräsen verringert. Dadurch wird erreicht, daß die Nietzapfen und deren Materialgrund ausreichend stark sind, ohne daß die Schaufelmassenkräfte unangenehm erhöht werden. Einbau s. Abb. 1.1.17a. (BBC)

Abb. 1.1.17a. **Nabenscheibe eines Radialverdichters** mit eingesetzten Laufschaufeln (Abb. 1.1.17). Zur Fertigstellung des Laufrades müssen noch die Deckscheibe aufgesetzt und die vorbereiteten Zapfen vernietet werden. (BBC)

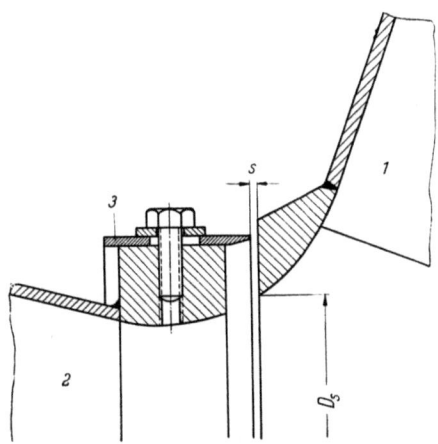

Abb. 1.1.18. **Spaltdichtung eines radialen Gebläselaufrades mit Deckscheibe.**
1 Laufrad
2 Ansaugstutzen
3 In axialer Richtung verstellbarer, geschlitzter Blechring

Der Mengenverlust kann bei dieser Dichtung klein gehalten werden, da die Spaltwerte s auf kleine Werte einstellbar ist. Der Spaltverluststrom strömt aber mit großer Geschwindigkeit etwa senkrecht auf den Förderstrom, was ein Ablösen der Grenzschicht und dadurch eine erhebliche Verschlechterung des hydraulischen Wirkungsgrades zur Folge haben kann. (Krupp-Ardelt)

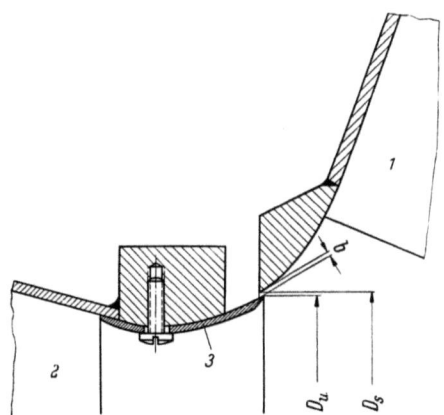

Abb. 1.1.18a. **Spaltdichtung eines radialen Gebläselaufrades mit Deckscheibe.**
1 Laufrad
2 Ansaugstutzen
3 verstellbarer, geschlitzter Blechring

Die Spaltweite b und somit auch der Mengenverlust bei dieser Dichtung sind größer als die Spaltweite s und der Mengenverlust bei der Dichtung nach Abb. 1.1.18. Der Spaltverluststrom bläst hier aber die Grenzschicht der Hauptströmung an, wodurch die Grenzschicht günstig beeinflußt wird. Der hydraulische Wirkungsgrad des Gebläses wird hier durch den Spaltverluststrom nicht — wie unter Abb. 1.1.18 beschrieben — verschlechtert, sondern nennenswert verbessert. Diese Verringerung der hydraulischen Verluste wirkt sich stärker aus als die Vergrößerung der Mengenverluste. Insgesamt tritt also gegenüber der in Abb. 1.1.18 gezeigten Dichtung eine Wirkungsgradverbesserung ein. Diese Spaltdichtung ist der in Abb. 1.1.18 gezeigten Dichtung vorzuziehen. Der Durchmesser D_u ist etwas kleiner als D_s. (Krupp-Ardelt)

1.2 Axialräder

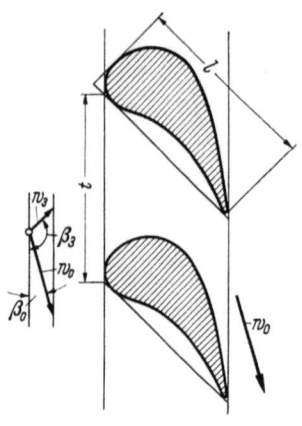

Abb. 1.2.1

Abb. 1.2.1. **Schaufelprofil einer Turbine.** Durch die Abrundung mit großem Radius an der Zuströmseite besteht eine weitgehende Unempfindlichkeit gegen Änderung der Zuströmrichtung. Der Schaufelkanal verengt sich stetig, was bei Turbinen richtig ist. Diese Schaufelprofile sind nur für Unterschallgeschwindigkeit geeignet.

Abb. 1.2.3. **Verschiedenartige Verwindung von axialen Laufschaufeln,** gezeigt am Beispiel der Dampfturbine.
A Veränderlicher Reaktionsgrad längs der Schaufel (SSW)
B Konstanter Reaktionsgrad von etwa 50% längs der Schaufel (BBC)
c_m Meridiangeschwindigkeit des Dampfes
u Umfangsgeschwindigkeit der Laufschaufeln

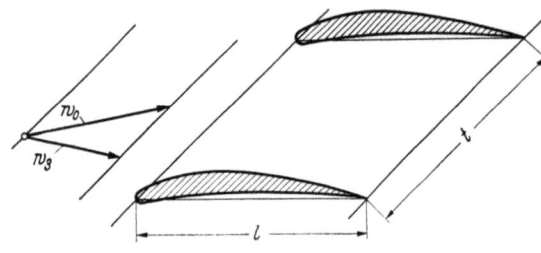

Abb. 1.2.2.

Abb. 1.2.2. **Pumpenschaufelprofil.** Der Abrundungsradius an der Zuströmseite ist nur klein. Die größte Profildicke liegt weit hinter der Eintrittskante. Der Schaufelkanal erweitert sich stetig, so daß die Umsetzung der Geschwindigkeit in Druck verlustarm erfolgt. Bei Pumpenschaufeln ist ein großer Abrundungsradius an der Zuströmkante falsch, weil sich dadurch der Schaufelkanal zuerst verengt und dann erst erweitert, was eine doppelte Geschwindigkeitsumsetzung und somit zusätzliche Verluste zur Folge hat.

In Abb. 1.2.1 und 1.2.2 bezeichnen w_3 und w_0 die Relativgeschwindigkeiten an der Druck- und Saugseite des Schaufelgitters.

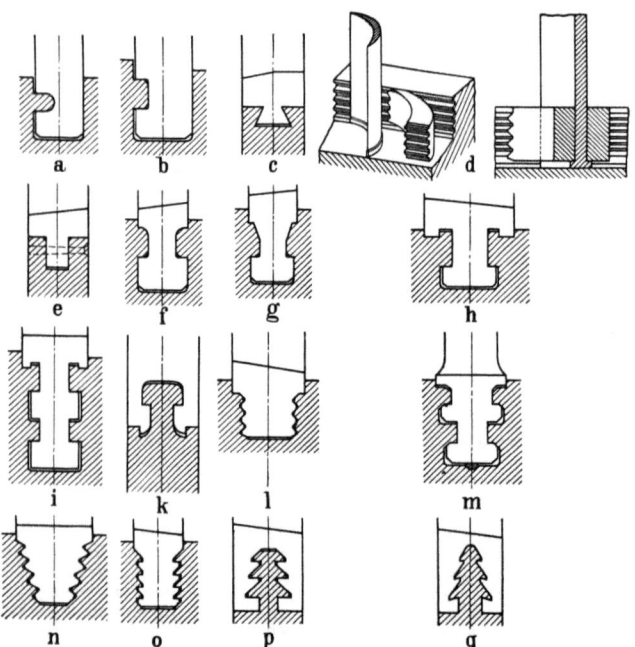

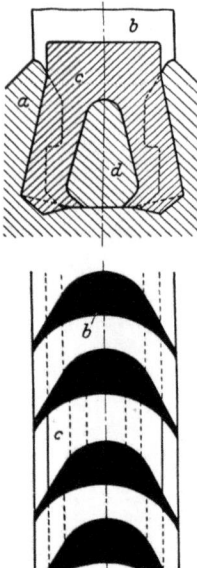

Abb. 1.2.4 a—q. **Schaufelfüße** von axialen Laufschaufeln, insbesondere bei Dampfturbinen. a, b, c für geringe, d, e f, g, h für mittlere, i, k, l, m, n, o, p und q für hohe Fliehkraftbeanspruchung. Die hier gezeigten Schaufeln werden in entsprechend im Laufrad ausgedrehte Nuten in Umfangsrichtung eingeführt. Die an der Einführungsstelle nötige Aussparung mit Schaufelschloß zeigt für Schaufelform f bzw. q Abb. 1.2.5.

Abb. 1.2.5. **Schaufelschloß** einer Dampfturbine. a Schaufelträger, b Laufschaufel, c Kupferreiter, d Stahlkeil. Nach der Beschaufelung wird der Reiter über den Stahlkeil gehämmert, so daß er die ganze Aussparung ausfüllt. (AEG)

1.2 Axialräder

Abb. 1.2.5a. **Schaufelschloß** einer Dampfturbine. An der Stelle des Schaufelschlosses sind an beiden Seiten im Läufer verzahnte, radiale, halbrunde Ausdrehungen vorhanden. Entsprechende Ausdrehungen besitzt der Schaufelfuß der zuletzt einzusetzenden Schaufel. Von den zwei Paar halbrunden Paßstücken werden die Stücke ohne Kopf in die Ausdrehungen im Läufer und die Stücke mit Kopf in den Ausdrehungen der Schaufel gelegt. Die Schaufel mit den halbrunden Paßstücken wird eingeschoben. Die Paßstücke werden je um 90° gedreht und gegen ein Zurückdrehen gesichert. (Westinghouse)

Abb. 1.2.6. **Dampfturbinenlaufrad.** Die Schaufeln sind axial in tannenbaum-förmige, leicht gekrümmte Nuten eingeschoben. Der Laufschaufelfuß ist in Abb. 1.2.3 zu erkennen. (SSW)

Abb. 1.2.7. **Gasturbinenlaufrad** mit Tannenbaumbefestigung der Schaufeln (vgl. Abb. 1.1.3) (Havilland)

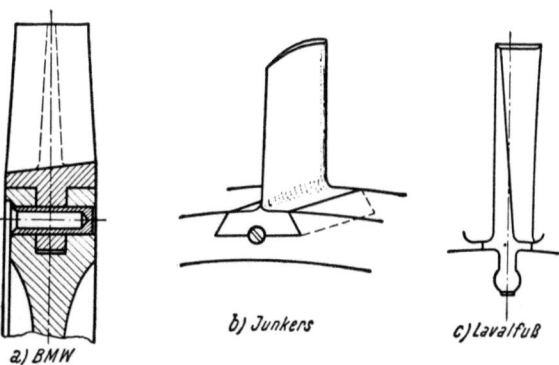

Abb. 1.2.8a—c. **Befestigungen** von axialen Laufschaufeln, insbesondere bei Axialverdichtern

1 Laufräder

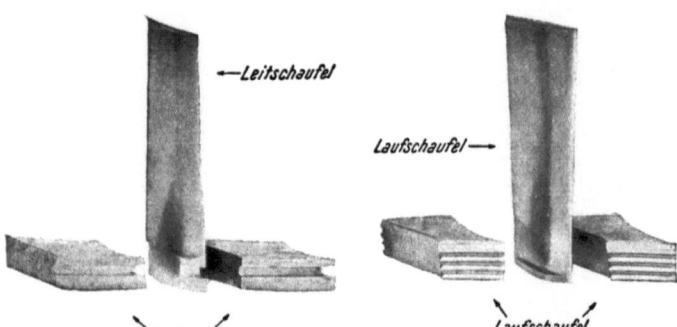

Abb. 1.2.10. **Laufrad einer Pelton-Turbine.** Fallhöhe 1763 m; Leistung 23 MW; Drehzahl 750 U/min; spez. Drehzahl $n_q = 3{,}5$.[1] Laufschaufeln und Radkörper bestehen aus einem Stück. (Charmilles)

Abb. 1.2.10

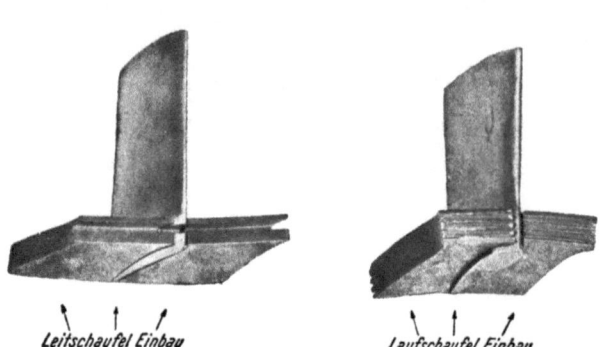

Abb. 1.2.9. **Axialverdichter-Beschaufelung.** Der Einbau der Laufschaufeln entspricht Abb. 1.2.4d. (Allis-Chalmers)

Abb. 1.2.11. **Laufrad einer besonders langsamläufigen Pelton-Turbine.** Fallhöhe 1744 m; Leistung 18,5 MW; Drehzahl 500 U/min; spez. Drehzahl $n_q = 2{,}1$ [1] (Charmilles)

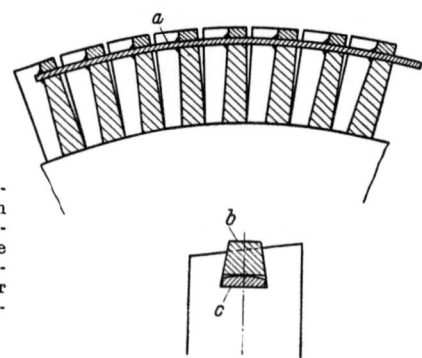

Abb. 1.2.12. **Befestigung eines nachträglich eingebauten Bindedrahtes** bei den Laufschaufeln einer Dampfturbine. Bei den zunächst ohne Bindedraht ausgeführten Schaufeln traten Resonanz-Schwingungen und Schaufelbrüche auf. Zwecks Änderung der Eigenschwingungszahl wurde auf einer Drehbank die schwalbenschwanzförmige Nut c in die Schaufelköpfe gedreht, in die über je 8 Schaufeln der Bindedraht a eingelegt und durch schwalbenschwanzförmige Paßstücke b festgeklemmt wurde. Paßstück und Bindedraht wurden dann mit der Schaufel hart verlötet und das überstehende Ende des Paßstückes am Schaufelkopf abgedreht. (Brush)

Abb. 1.2.13. **Laufrad einer Axialpumpe mit verstellbaren Laufschaufeln.** Durch eine solche Verstellung kann die Fördermenge (nicht die Förderhöhe) in weiten Grenzen verändert werden. Links: Laufrad geöffnet, größte Fördermenge. Rechts: Laufrad geschlossen, kleinste Fördermenge (Escher Wyss)

---

[1] n_q vgl. Fußnote 1 S. 4

a

b

c

Abb. 1.2.14a—c. **7-stufiger Axialverdichter mit im Betrieb verstellbaren Laufschaufeln.** Antrieb durch Synchronmotor 3000 U/min; 7000 PS (Escher Wyss).
 a) Schaufeln in geschlossener Stellung für minimales Fördervolumen
 b) Schaufeln in voll geöffneter Stellung für maximales Fördervolumen
 c) Ansicht des Verdichters

1 Laufräder

Abb. 1.2.15. **Laufrad einer Kaplanturbine.** Die Laufschaufeln sind auf diesem Bild geschlossen. Die geöffnete Stellung der im Vordergrund rechts dargestellten Schaufel ist weiß gestrichelt am Nabenkörper angedeutet.
Außendurchmesser 7,4 m; N = 39400 PS; H = 11,5 m; V = 286,5 m³/s; n = 65,2 U/min
(Escher Wyss)

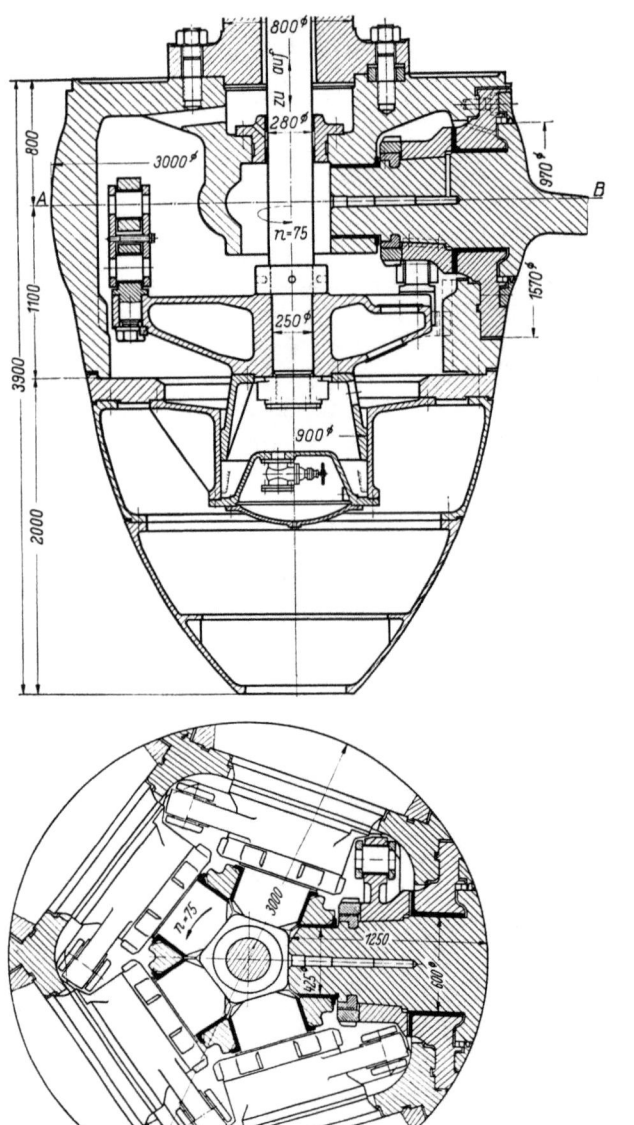

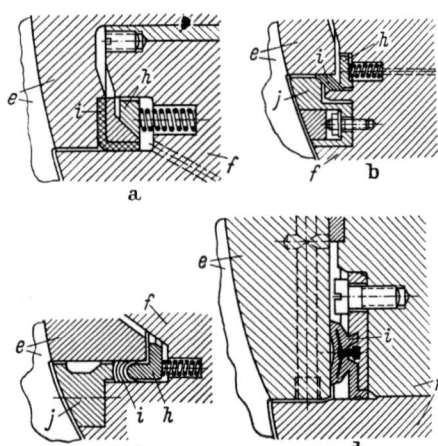

Abb. 1.2.16 a—d. **Abdichtung zwischen Laufschaufel e und Laufradnabe f bei Verstellpropellern.** Auswechslung der Dichtung erfordert bei a) u. d) Ausbau der Laufschaufel, bei b) u. c) keinen Ausbau der Laufschaufel
h Anpreßring und Anpreßfeder
i Dichtung (bei a) Topfmanschette, bei b) Lederstreifenringe, bei c) Dachmanschette, bei d) mit eingelegten Anpreßfedern)
j mehrteiliger Deckring (a und b Escher Wyss) (c Voith) (d Karlstads)

Abb. 1.2.17. Laufradnabe einer Kaplanturbine mit Laufschaufelverstellung durch **Lenkerantrieb**

1.2 Axialräder

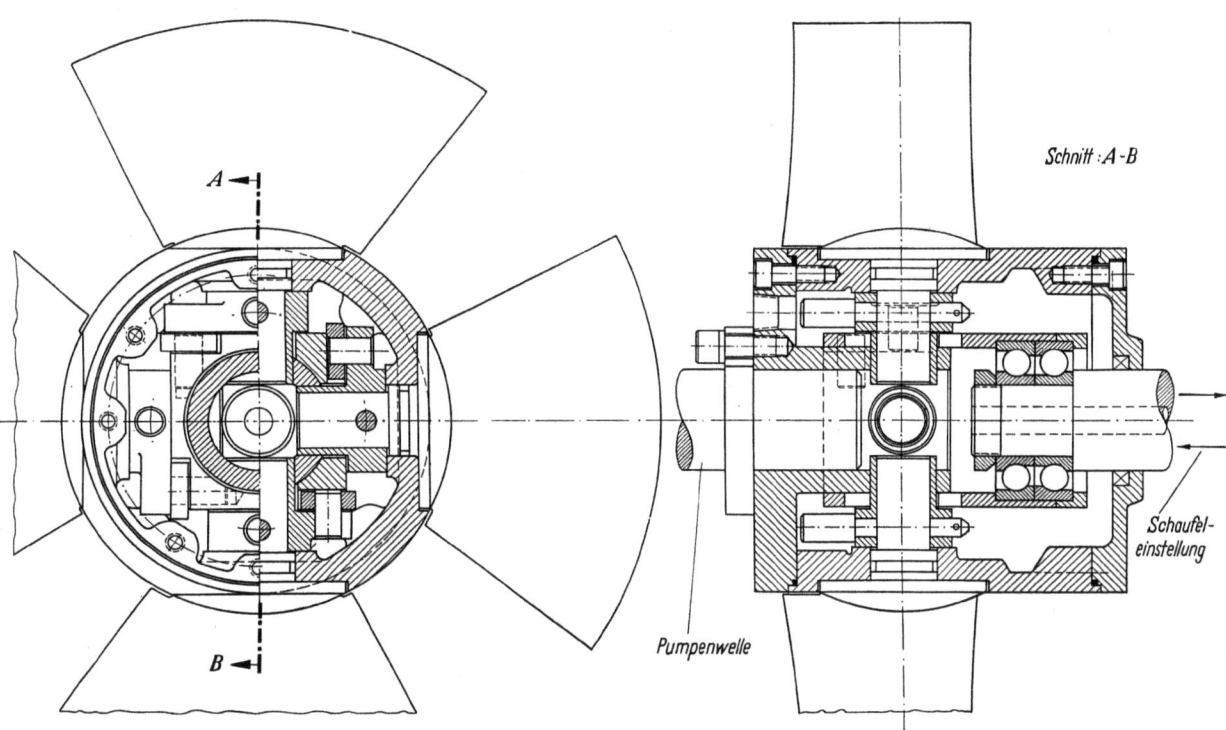

Abb. 1.2.17a. **Laufradnabe** der in Abb. 1.2.19b gezeigten Verstellpropellerpumpe mit Laufschaufelverstellung durch Lenkerantrieb (Ingersoll-Rand)

Abb. 1.2.18 s. S. 17

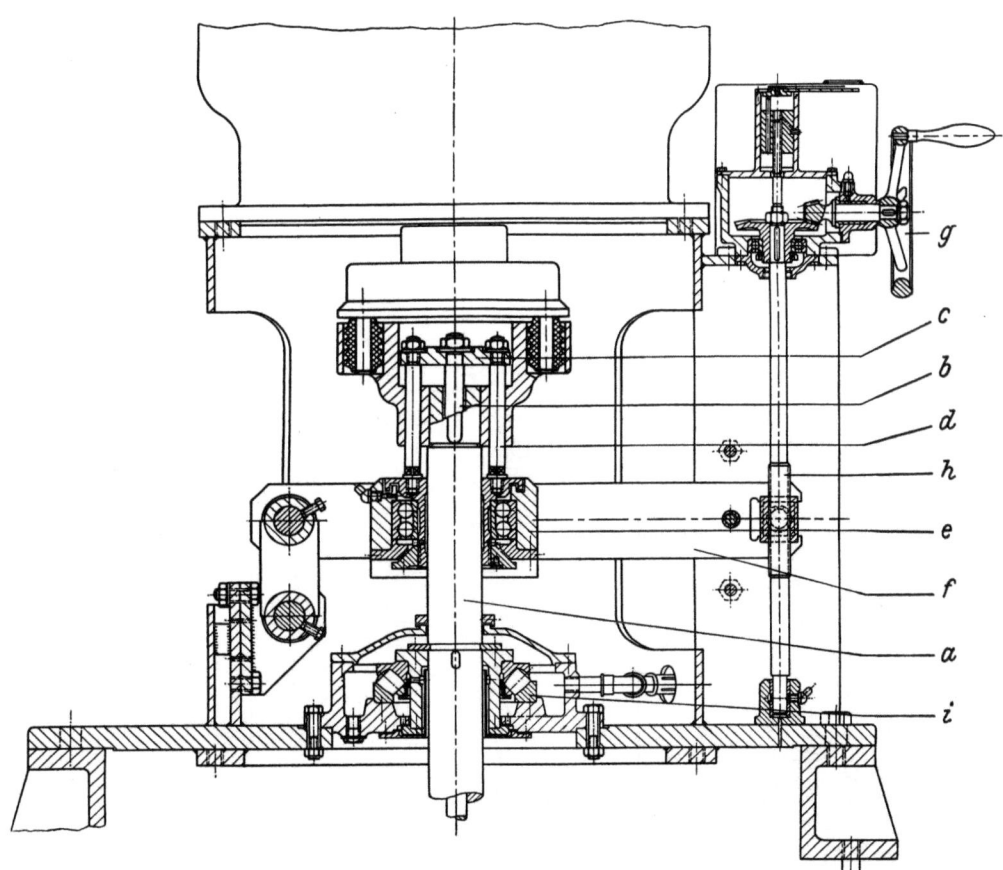

Abb. 1.2.19. **Mechanische Laufschaufelverstelleinrichtung** einer Propellerpumpe für niedrige Förderhöhen.

- *a* Antriebswelle
- *b* Verstellstange
- *c* Traverse
- *d* Stange
- *e* Wälzlagergehäuse
- *f* Doppelhebel
- *g* Handrad
- *h* Gewindespindel
- *i* Lager von (Bestenbostel)

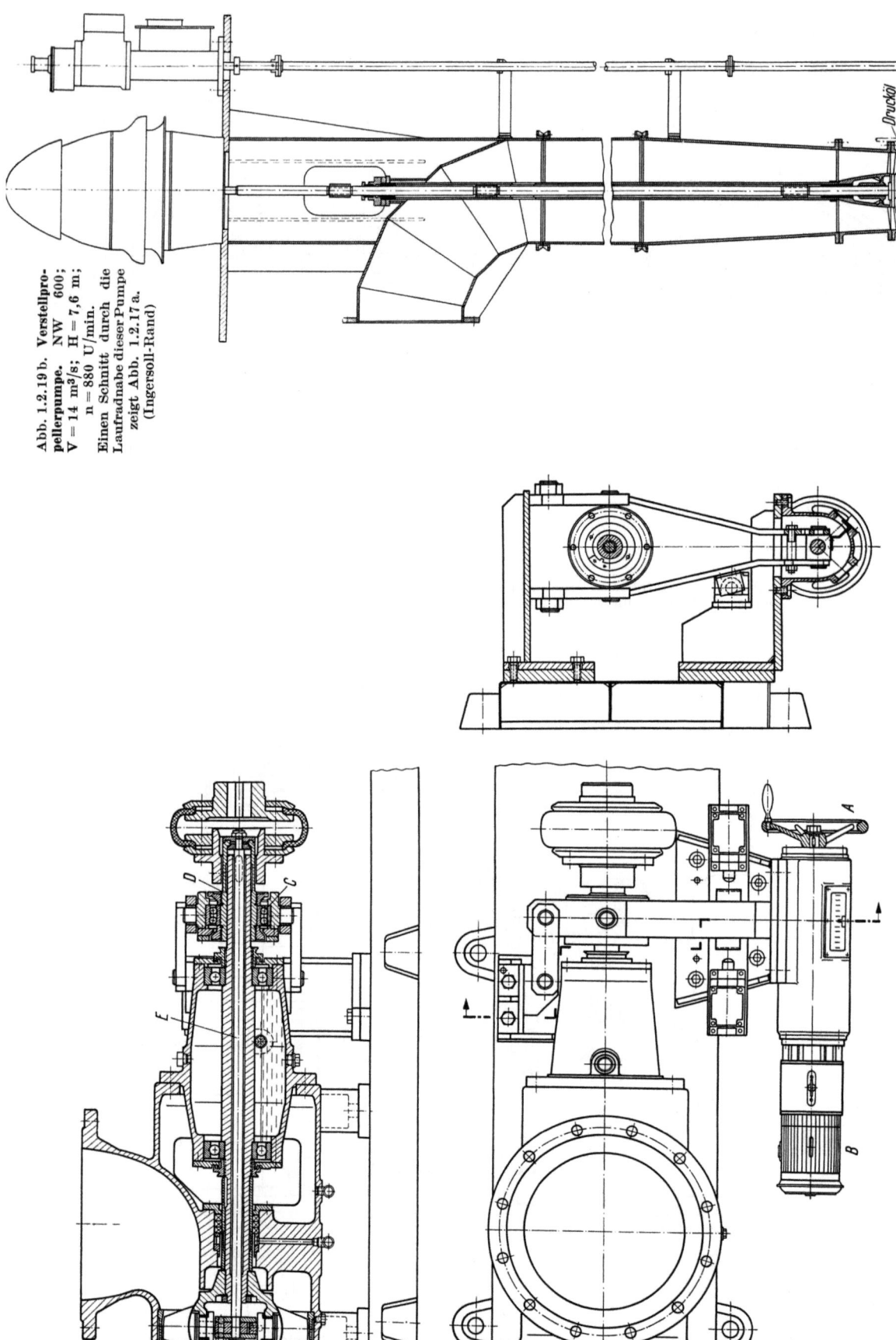

Abb. 1.2.19b. Verstellpropellerpumpe. NW 600; $V = 14 \text{ m}^3/\text{s}$; $H = 7,6$ m; $n = 880$ U/min. Einen Schnitt durch die Laufradnabe dieser Pumpe zeigt Abb. 1.2.17a. (Ingersoll-Rand)

Abb. 1.2.19a. **Verstellpropellerpumpen zum Umwälzen und Mischen von Flüssigkeiten in der Verfahrensindustrie. Der kurze Krümmer ermöglicht das Lagern der Pumpenwelle außerhalb des Fördermittels in ölgeschmierten Lagern. Die mechanische Verstellung der Laufschaufeln** wird am Handrad A oder vom Verstellmotor B eingeleitet. Dabei wird die Verstellbewegung über das zweireihige Schrägkugellager C und die Schiebermuffe D an der linken Kupplungshälfte auf die in der Hohlwelle liegende Stange E übertragen. (Ruhrpumpen).

Die Verstellkräfte müssen bei den in Abb. 1.2.19 bis 1.2.19b gezeigten Konstruktionen vom Axiallager der Pumpenwelle aufgenommen werden, was zulässig ist, wenn die Verstellkräfte klein bleiben.

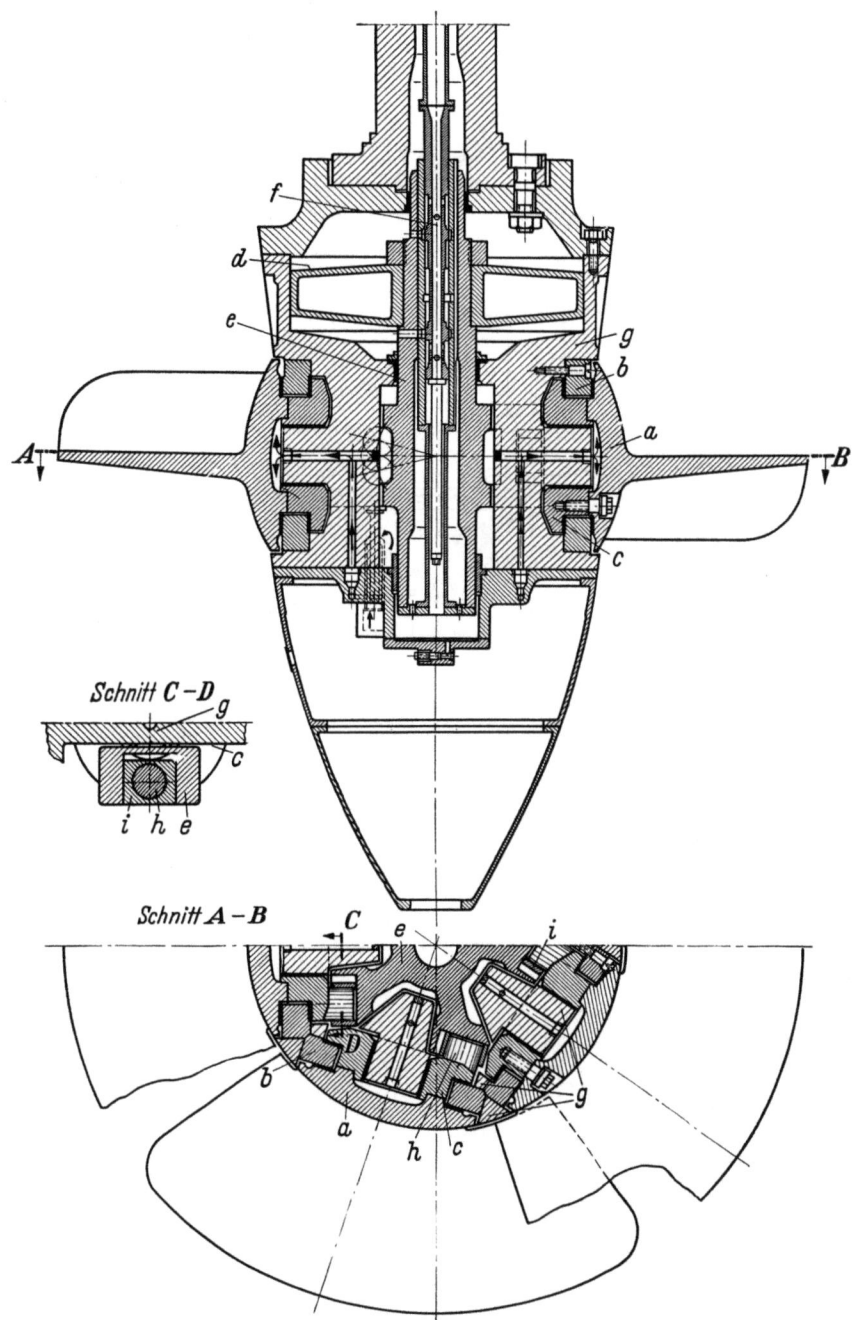

Abb. 1.2.18. **Laufradnabe** einer Kaplanturbine mit Laufschaufelverstellung durch **Gleitsteinantrieb**.

- *a* Laufschaufel
- *b* Haltering
- *c* Gegenteller zu *a* mit Antriebszapfen *h* und Gleitstein *i*
- *d* Stellmotorkolben
- *e* Verstellkreuz
- *f* Steuerschieber
- *g* Nabenkörper
- *h* Antriebszapfen
- *i* Gleitstein (Karlstads)

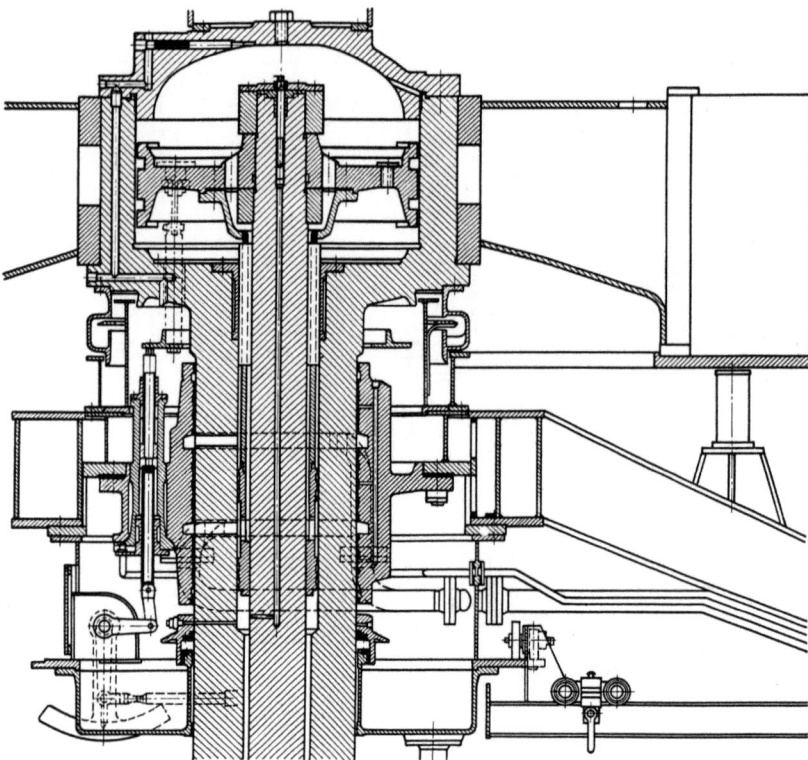

Abb. 1.2.20. **Hydraulische Laufschaufelverstelleinrichtung** einer Kaplanturbine. Das Führungslager dient hier gleichzeitig zum Zuführen des Steueröls. (Voith)

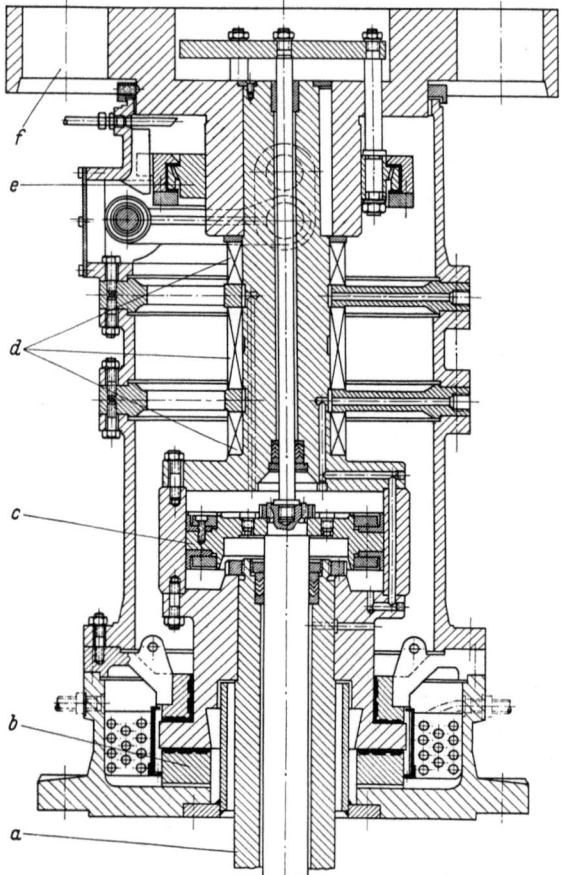

Abb. 1.2.20a. **Hydraulische Laufschaufelverstelleinrichtung** einer Propellerpumpe.
 a Pumpenantriebswelle
 b Segmentdrucklager
 c Verstellkolben
 d Schleifringdichtungen zum Abdichten der Ölzuführungen
 e Rückführung
 f elastische Kupplung (Bestenbostel)

1.2 Axialräder

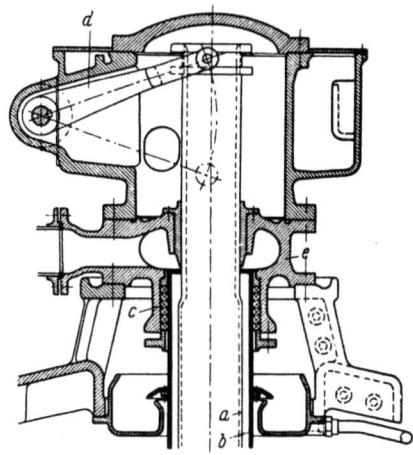

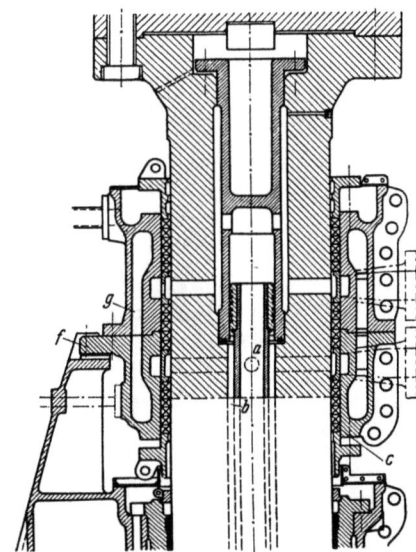

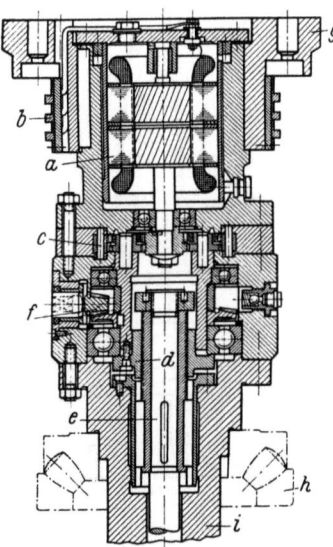

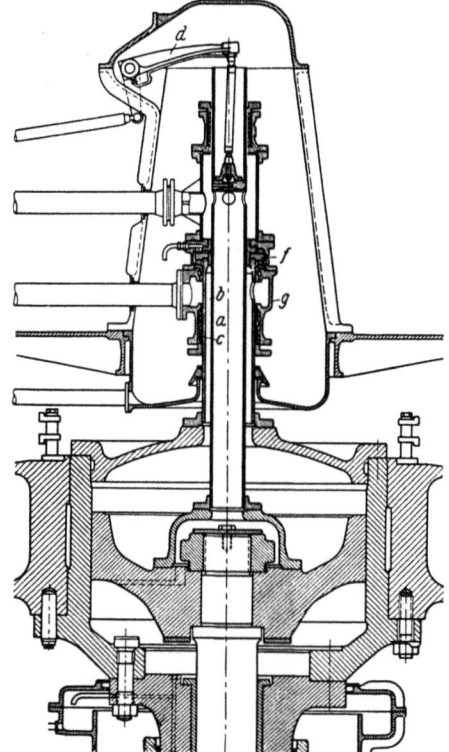

Abb. 1.2.21 b

Abb. 1.2.21a—c. **Verschiedene Ölzuführungen zum Beschicken des Kolbens bei hydraulischen Laufschaufelverstelleinrichtungen.**

Es bezeichnen:
- a inneres Ölrohr
- b äußeres Ölrohr
- c Stopfbüchse
- d Rückführung der Laufschaufelregelung (Abb. 1.2.21a 1.2.21b)
- e Ölzuführungsbock (Abb. 1.2.21a)
- f Abstützung von g (Abb. 1.2.21b u. 1.2.21c)
- g Ölzuführungskammer-Körper (Abb. 1.2.21b u. 1.2.21c)

Bei der Konstruktion der Ölzuführungen ist auf die unvermeidlichen radialen Schwankungen der Hauptmaschinenwelle Rücksicht zu nehmen: In Abb. 1.2.21a ist der Ölzuführungsblock e fest mit dem Fundament verbunden, weshalb dort die umlaufenden Ölzuführungsrohre a und b genügend elastisch sein, d. h. eine ausreichende Federungslänge haben müssen. In Abb. 1.2.21b und 1.2.21c ist der Ölzuführungskammer-Körper g befähigt, den radialen Schwankungen der Welle zu folgen.

Abb. 1.2.22. **Elektrische Laufschaufelverstelleinrichtung** einer Kreiselpumpe. Zur Verstellung der Laufschaufeln wird dem in der Pumpenwelle eingebauten Elektromotor a über die Schleifringe b Strom zugeführt. Der Elektromotor dreht über ein ins Langsame übersetzendes Getriebe c die Verstellmutter d. Dadurch wird — entsprechend der Steigung des Gewindes zwischen der Verstellmutter d und der Verstellstange e — die Verstellstange e verschoben. Bei stehender Pumpenwelle kann man die Verstellmutter d auch von Hand über das Ritzel f drehen. Bei dieser Konstruktion führen der umsteuerbare Verstellmotor a und die übrigen Einbauteile nur während des Verstellvorganges Relativbewegungen aus. Die gesamte Einrichtung einschließlich des mittels Glasfasern elektrisch isolierten Verstellmotors ist mit Öl gefüllt.

Außerdem bedeuten:

g elastische Kupplung $\quad h$ Axiallager der Pumpe $\quad i$ Antriebswelle der Pumpe

Das Getriebe c ist ein Lorenz-Nockengetriebe, bei dem infolge der Exzentrizität der Antriebsscheibe der äußere Kranz bei jeder Umdrehung der Motorwelle um einen Winkel von ca. 7 Grad weitergedreht wird. (Bestenbostel)

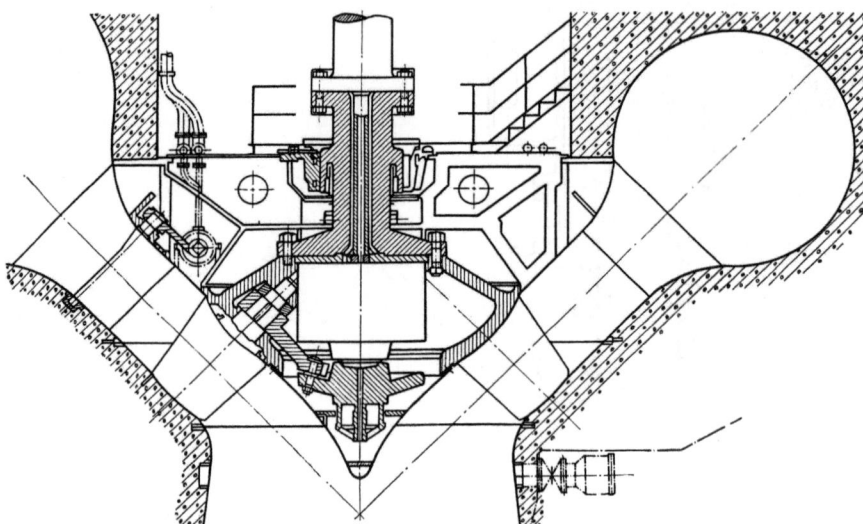

Abb. 1.2.23. **Turbinen - Pumpe.**
Diese Maschine arbeitet in einem Speicherkraftwerk an den Niagarafällen sowohl als Pumpe als auch als Turbine. Die konisch angeordneten Laufschaufeln sind verstellbar. Zwischen den Laufschaufeln und dem Spiralgehäuse sind Leitschaufeln angeordnet. Jede Leitschaufel besteht aus einem fest eingebauten Teil (Stützschaufel) und einem verstellbaren Teil, was bei der links gezeichneten Leitschaufel gut zu erkennen ist.
(English Electric)

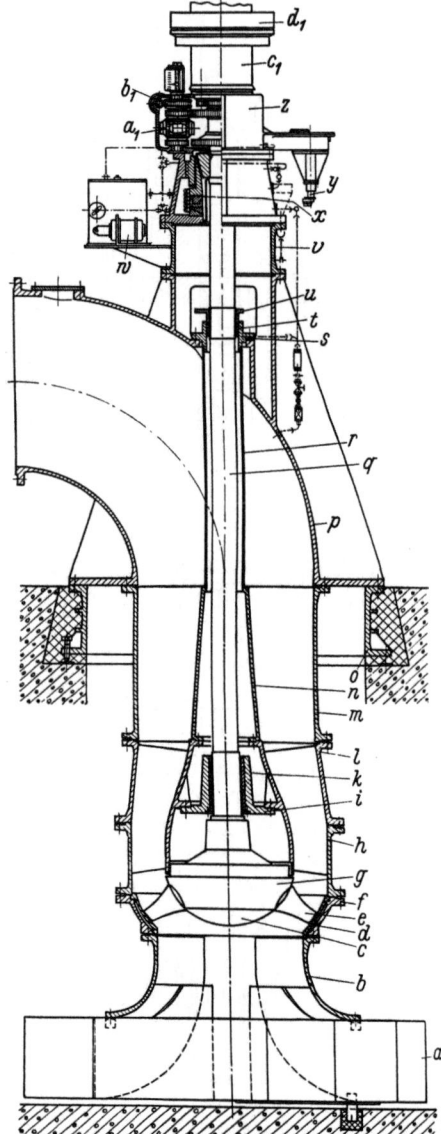

Abb. 1.2.22a. **Elektrische Laufschaufelverstelleinrichtung** für große Verstellkräfte. Diese für Propellerpumpen (vgl. Abb. 6.2.2 b) konstruierte Verstelleinrichtung wird durch 2 Elektromotoren angetrieben.

- a Verstellstange
- b Verstellmutter
- c Untersetzungsgetriebe
- d Elektromotoren
- e Schleifringe
- f Traverse
- g Betätigungsstange für Endschalter bzw. Ferngeber der Schaufelstellung
- h elastische Kupplung (Bestenbostel)

Abb. 1.2.24. **Halbaxiale Kreiselpumpe mit verstellbaren Laufschaufeln.**

Es bedeuten:
- a Einlaufgleichrichter
- b Einlaufstück
- c Laufradhaube
- d Schleißring
- e Schaufel
- f Zwischenstück
- g Laufrad
- h Leitapparat-Unterteil
- i Flanschlager
- k wassergeschmiertes Gummilager
- l Leitapparat-Oberteil
- m Flanschenrohr
- n Wellenschutzrohr
- o Sitzring
- p Krümmer
- q Welle
- r Wellenschutzrohr
- s Stopfbuchseneinsatz
- t Stopfbuchsenpackung
- u Stopfbuchsenbrille
- v Flanschenrohr
- w elektrische Ölpumpe
- x Segmentdrucklager
- y mechanische Ölpumpe
- z Verstellantrieb
- a_1 Planetengetriebe
- b_1 Flanschmotor mit Handrad
- c_1 und d_1 Kupplung (MAN)

Abb. 1.2.22a

Abb. 1.2.24

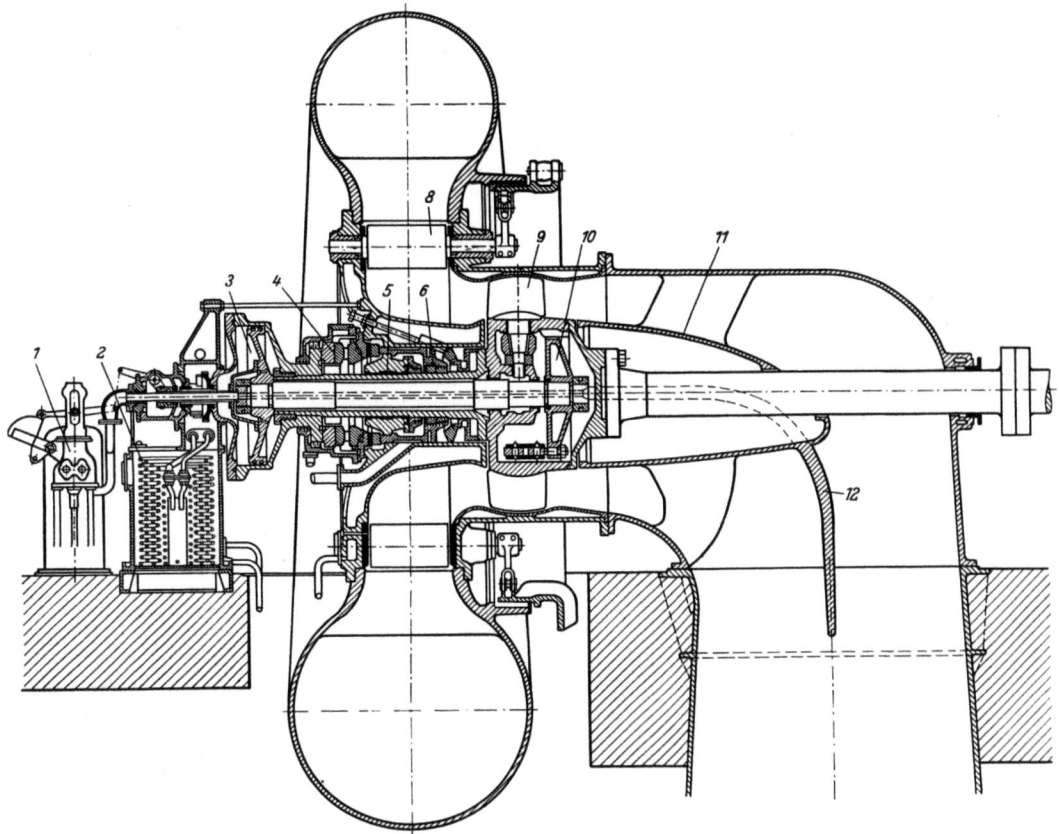

Abb. 1.2.25. **Kaplanturbine** mit waagerechter Welle. Fallhöhe 56 m; 420/500 U/min; 5000 PS.

1 Ölsteuerung des Servomotors
2 Ölkühler
3 Servomotor, bestehend aus einem mit Drucköl beaufschlagten Kolben
4 Axiallager
5 Führungslager
6 Dichtung
8 Leitschaufel
9 Laufschaufel mit Verstellung durch Lenkerantrieb (vgl. Abb. 1.2.17)
10 Verstellkreuz zur Verstellung der Laufschaufeln
11 Feststehender Nabenkörper
12 Führungsschaufel

Das Turbinengehäuse ist in der Axialebene geteilt. Deshalb ist eine kugelige Ausführung des Laufradmantels möglich (vgl. Abb. 1.2.29).
(Charmilles)

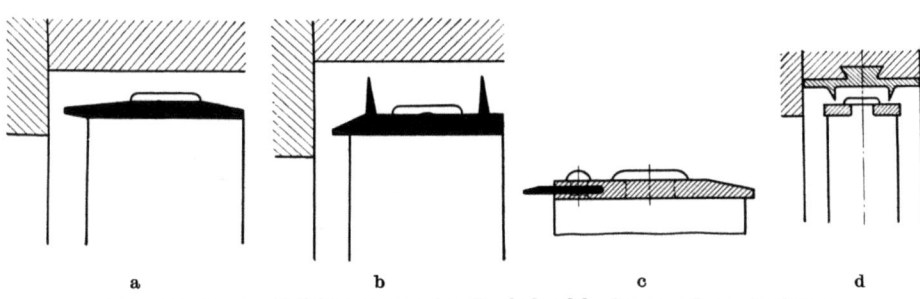

Abb. 1.2.26a—d. **Abdichtungen an den Laufschaufelenden** von Dampfturbinen.
a) Deckband für axiale Abdichtung
b) Deckband für axiale und radiale Abdichtung
c) Deckband mit eingenietetem Kupferstreifen (0,8 mm stark) für axiale Dichtung (English Electric)
d) gerades Deckband; radiale Abdichtung durch Einsatz im Gehäuse (Krupp)

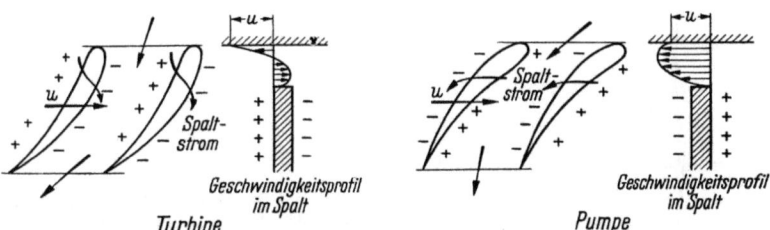

Abb. 1.2.27. Veränderung des Spaltverluststromes durch die Umfangsgeschwindigkeit u der Laufschaufel. Die Grenzschicht an der Gehäusewand bewegt sich relativ zur Schaufel mit der Umfangsgeschwindigkeit u. Diese Relativgeschwindigkeit liegt bei Turbinen entgegengesetzt und bei Pumpen gleichsinnig zur Durchströmrichtung im Spalt. So wird durch u der Spaltstrom bei Turbinen verkleinert, bei Pumpen vergrößert. Durchgeführte Versuche zeigen jedoch, daß sich der hier beschriebene Einfluß nur sehr gering auswirkt.

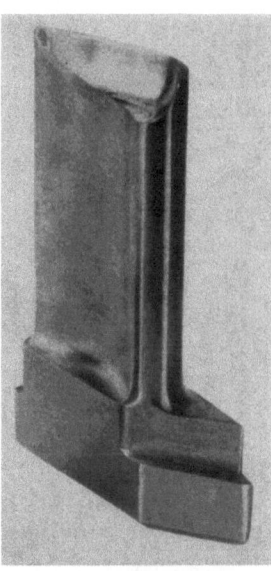

Abb. 1.2.28. **Laufschaufel** einer Hochdruck-Überdruckdampfturbine **mit Zuschärfung**. Diese Schaufel arbeitet ohne Deckband. Sie ist zugeschärft, damit bei einem Anstreifen der Schaufel am Gehäuse sich die Schaufel rasch und ohne große Wärmeentwicklung entsprechend abschleifen kann. Solche Zuschärfungen sind nur bei Dampf- und Gasturbinen, nicht aber bei Verdichtern üblich. (BBC)

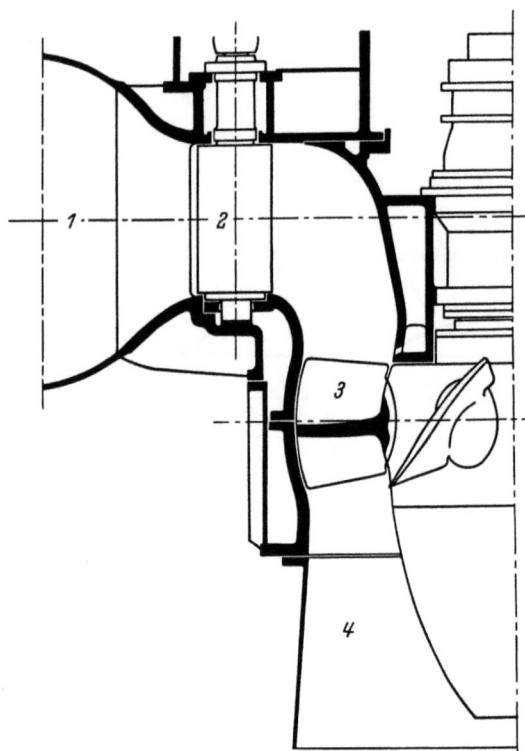

Abb. 1.2.29. **Kaplanturbine mit kugligem Laufradmantel.** Die Gehäusewand am äußeren Umfang der Laufschaufeln (Laufradmantel) ist kugellig, wodurch bei allen Laufschaufelstellungen eine **gleichbleibende Spaltweite** erreicht wird. Das Gehäuse ist in der Schaufelebene geteilt, um die Montage zu ermöglichen (Charmilles). Andere Montage-Möglichkeiten bei kugeligem Laufradmantel sind: In einer **Axialebene geteiltes Gehäuse** (vgl. Abb. 1.2.25, 6.2.2b u. c) oder Aussparungen am Gehäuse, die das Einführen der Schaufeln gestatten.

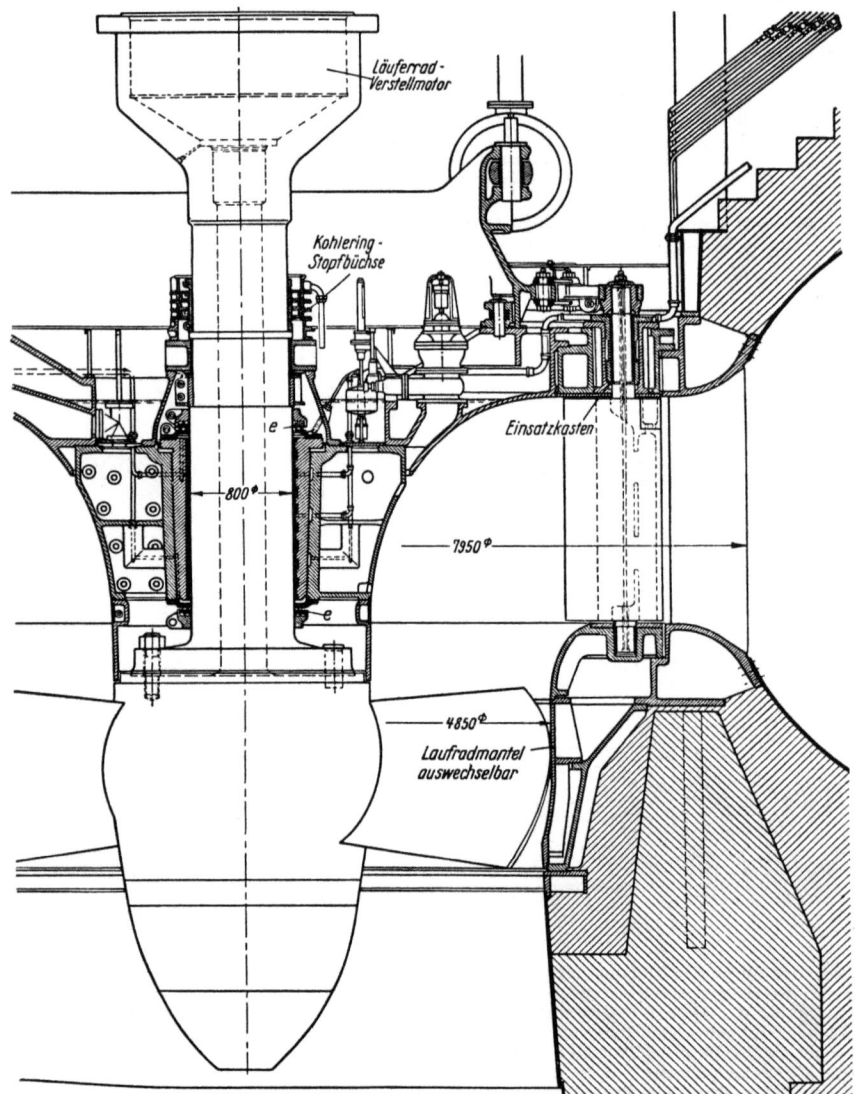

Abb. 1.2.30. **Kaplanturbine mit kugligzylindrischem Laufradmantel.** Fallhöhe 33 m; Wassermenge 120 m³/s; Leistung 45000 PS; Drehzahl 136 U/min. Die Gehäusewand am äußeren Umfang der Laufschaufeln (Laufradmantel) ist nur auf der Saugseite kugelig, auf der Druckseite zum Einführen des Laufrades aber zylindrisch ausgeführt (vgl. hierzu Abb. 6.2.2a). (Voith)

1.3 Läuferkonstruktionen

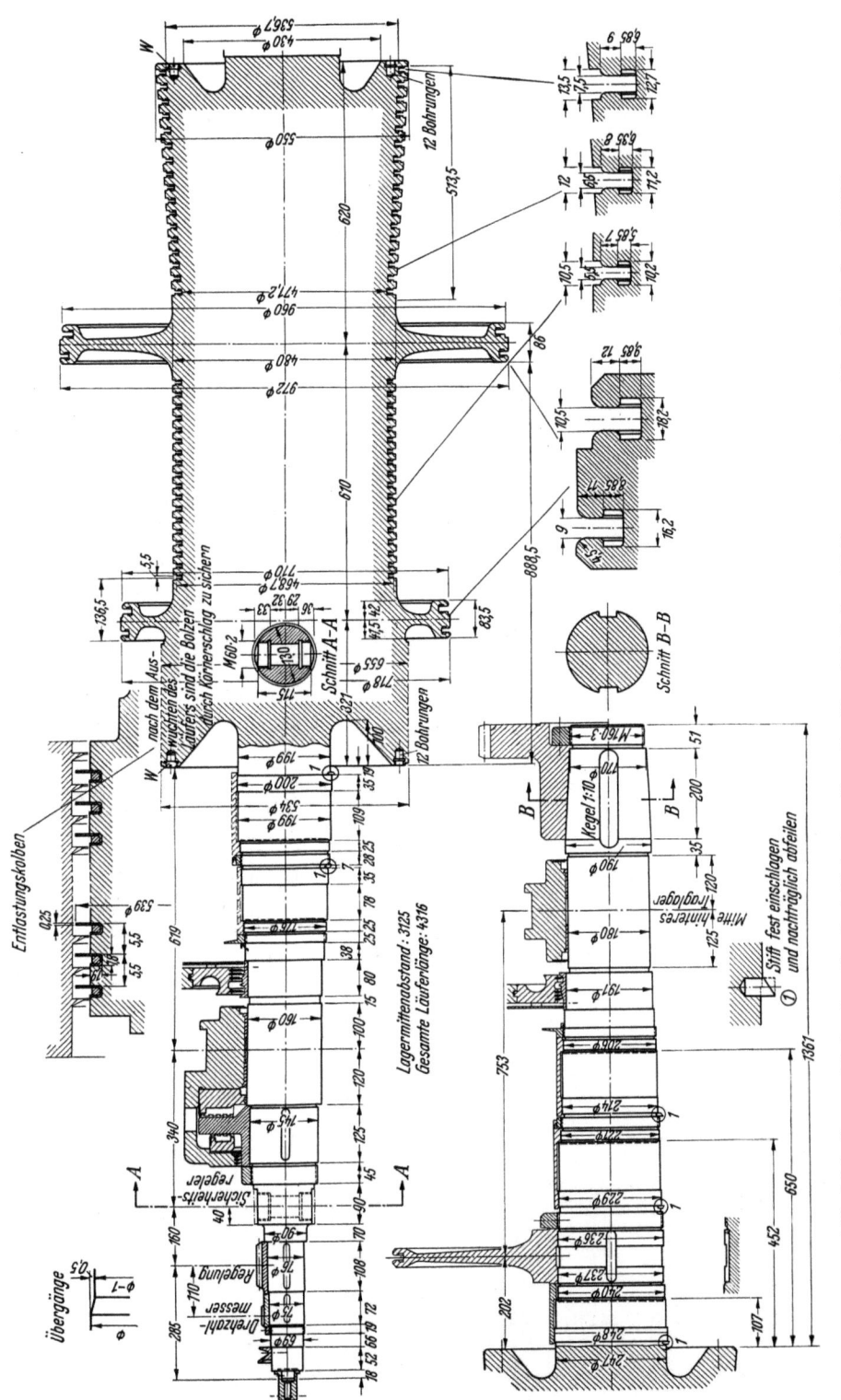

Abb. 1.3.1. **Trommelläufer einer Zweifach-Entnahme-Dampfturbine. Die Bolzen W dienen zum Auswuchten des Läufers. (GHH)**

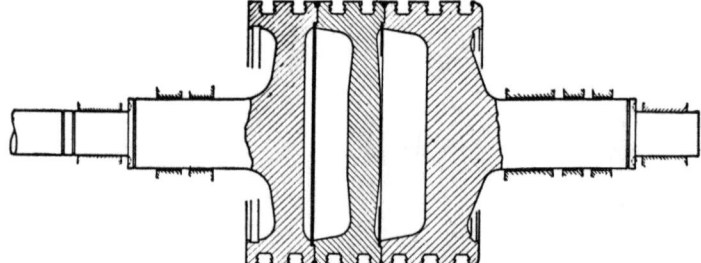

Abb. 1.3.2. **Aus Scheiben zusammengeschweißter Trommelläufer** einer Gasturbine. Diese Läuferkonstruktion wird auch bei Dampfturbinen oft benutzt. (BBC)

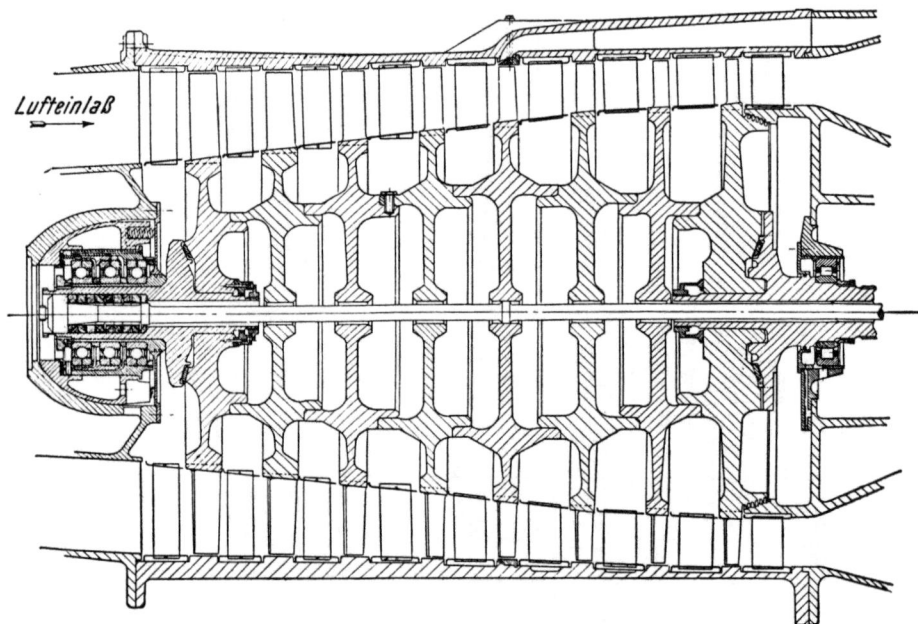

Abb. 1.3.3. Verdichter eines Strahltriebwerkes. Der **aus Scheiben zusammengesetzte Läufer** besitzt einen in der Mitte angeordneten Zuganker. Der Verdichter arbeitet mit 90% Reaktion, weshalb die Druckunterschiede an den Leitschaufelkränzen gering und hochwertige Abdichtungen zwischen Leiträdern und Läufer nicht nötig sind. (Junkers)

Abb. 1.3.4. **Läufer** eines 6stufigen Axialverdichters. Gesamtes Druckverhältnis: 2,8. Durchmesser an den Schaufelspitzen: 450 mm. Drehzahl: 17000 U/min. Zugehöriger Leitapparat ist in Abb. 2.2 dargestellt. (Westinghouse)

1.3 Läuferkonstruktionen

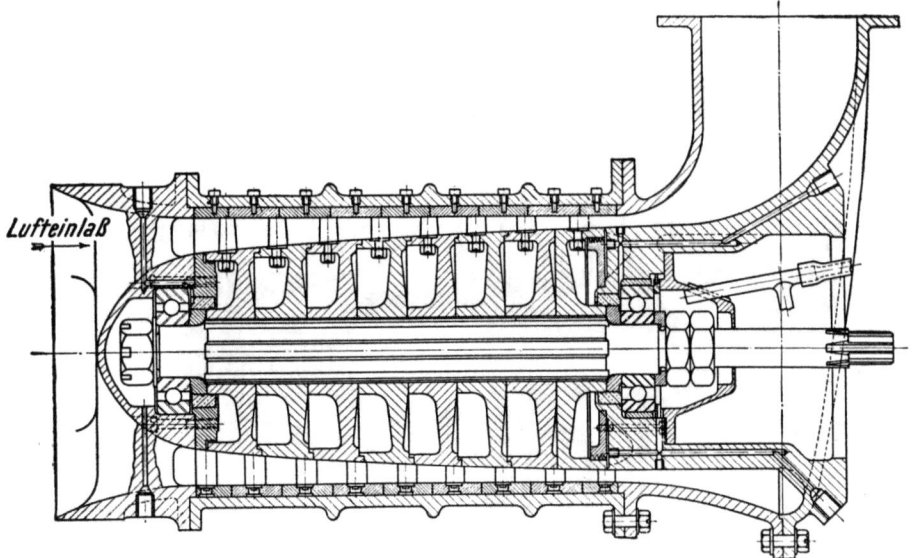

Abb. 1.3.5. **Versuchskompressor** der englischen Gasturbinenforschungsanstalt. Der **Trommelläufer** besteht aus Scheiben, die auf einer gemeinsamen Welle sitzen (vgl. Abb. 1.3.6).

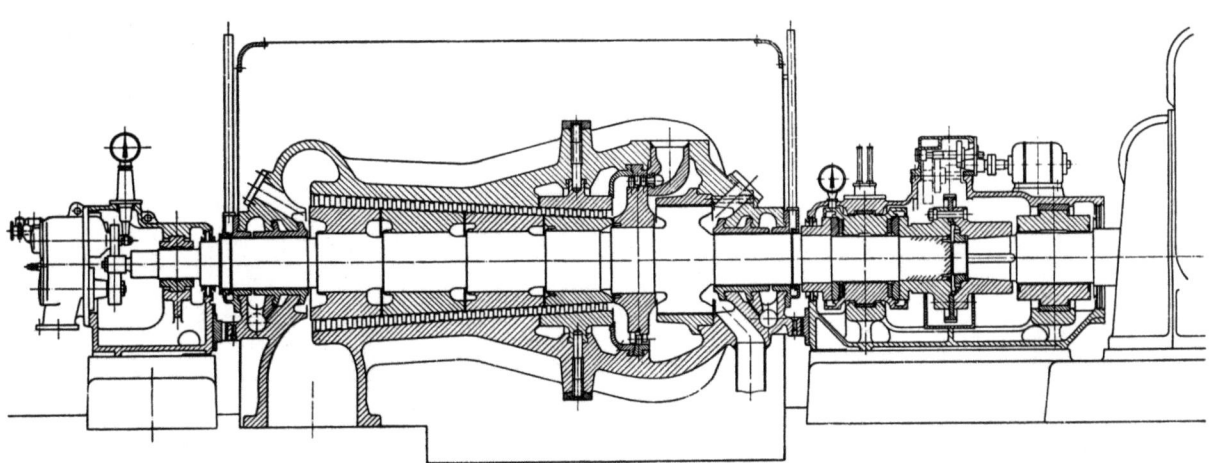

Abb. 1.3.6. **Hochdruckdampfturbine.** Der **Trommelläufer** besteht aus Scheiben, die auf einer gemeinsamen Welle sitzen (vgl. Abb. 1.3.5). Die Scheiben sind hier durch Lippenschweißung mit der Welle verbunden (vgl. Abb. 1.3.6a). (BBC)

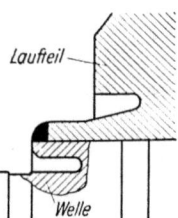

Abb. 1.3.6a. **Lippenschweißung** als Verbindung zwischen Laufrad und Welle, benutzt bei Verdichtern, Dampf- und Gasturbinen (vgl. Abb. 1.3.6). (BBC)

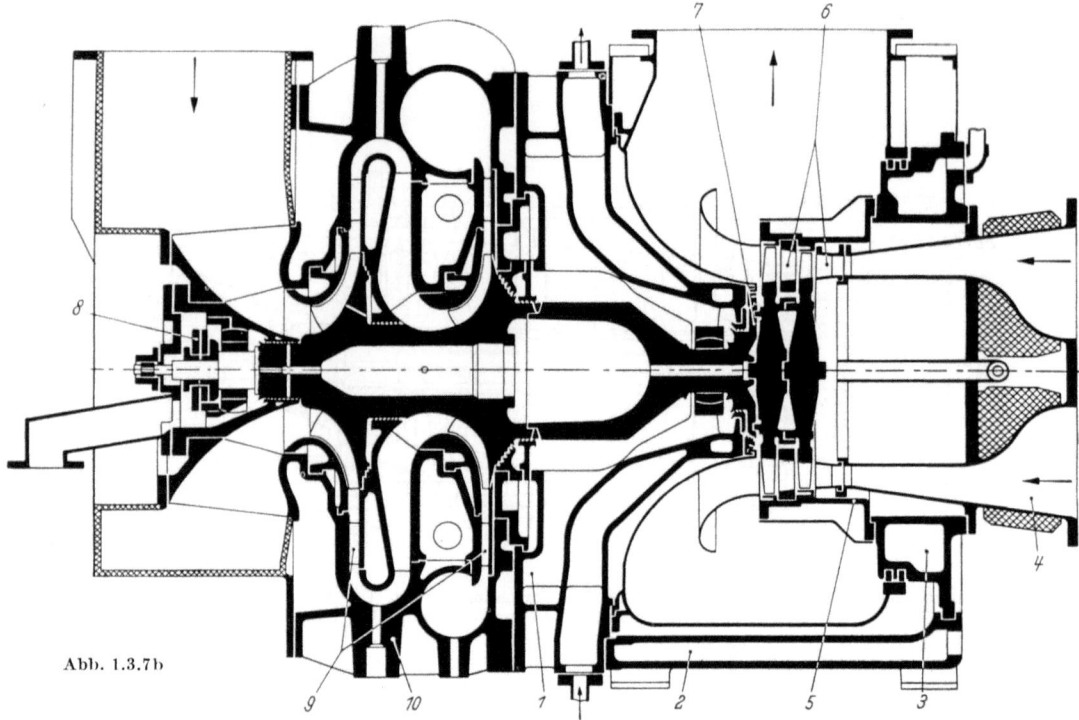

Abb. 1.3.7b

Abb. 1.3.7a—c. **Geschweißter Läufer** eines Abgasturboladers. a) Ansicht; b) Querschnitt; c) Läufer mit Gehäuseunterteil. In die beiden aus Scheiben bestehenden Laufräder der axialen Abgasturbine sind die Schaufeln eingeschweißt. Die Scheiben sind untereinander und die Scheibe der zweiten Stufe mit der Welle verschweißt. Die Welle wiederum ist mit dem Verdichterläufer zusammengeschweißt. Der Laufradkörper des Verdichters besteht aus einem Stück; auf diesem sind die aus Stahl gefertigten Laufschaufeln aufgeschweißt. Die in Abb. 1.3.7b und 1.3.7c erkennbare kleine Bohrung im Läufer zwischen den Verdichterstufen dient zur Entnahme von Kühlluft, die durch die hohle Welle zu den Scheiben der Turbine geführt wird.

- 1 Lagergehäuse (wassergekühlt)
- 2 Grundrahmen (als Halbschale ausgebildet, wassergekühlt)
- 3 Stützring (wassergekühlt)
- 4 Zuströmgehäuse
- 5 Leitapparatträger (waagerecht geteilt)
- 6 Leitschaufeln der Turbine
- 7 Ausgleichskolben (mit Sperrluft beaufschlagt)
- 8 Axiallager
- 9 Leitschaufeln des Verdichters
- 10 Verdichtergehäuse (Gußeisen) (MAN)

Abb. 1.3.7a

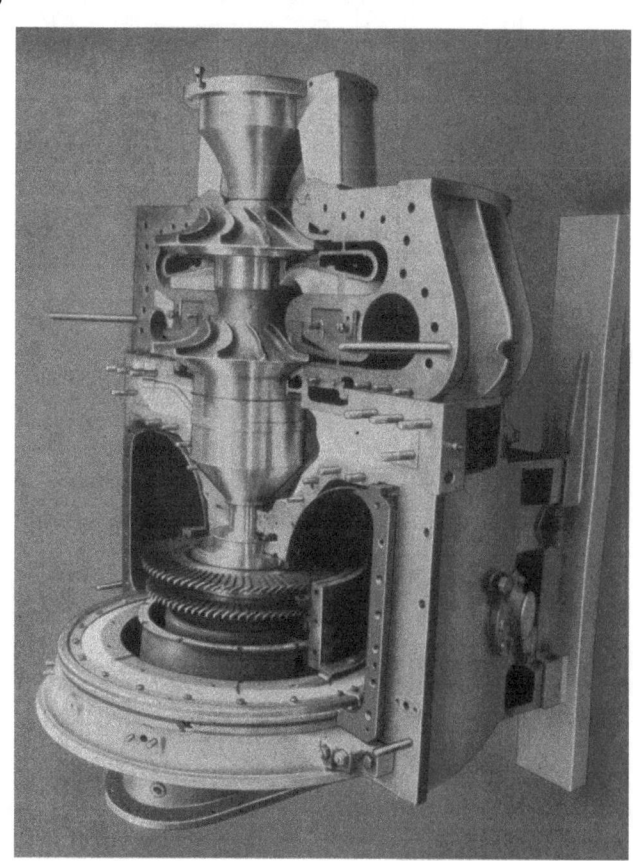

Abb. 1.3.7c

1.3 Läuferkonstruktionen

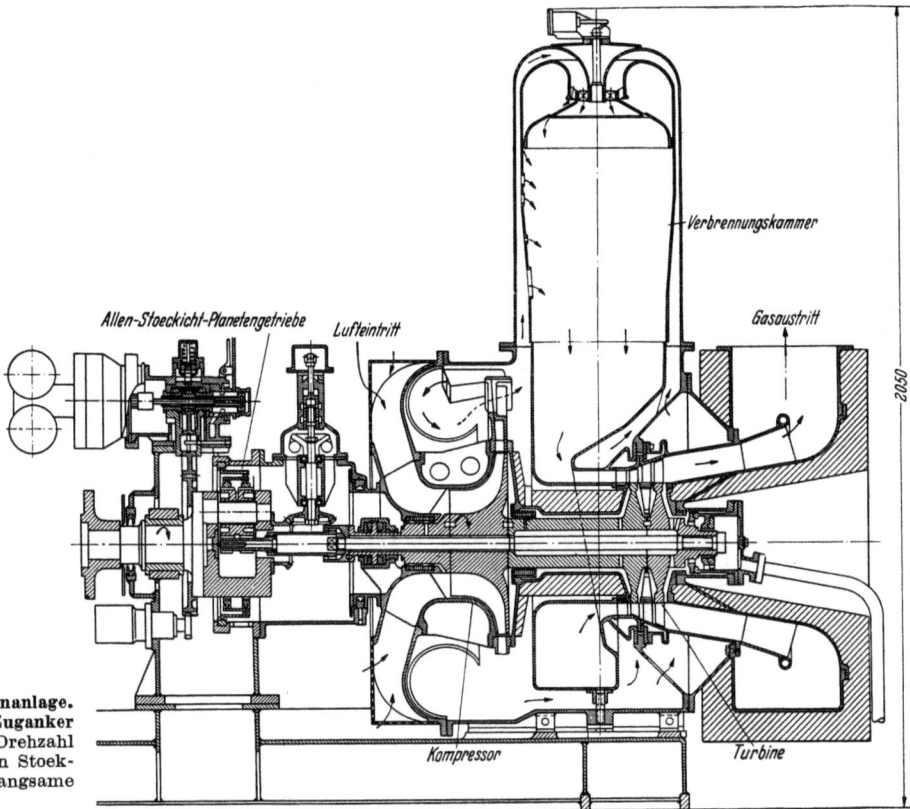

Abb. 1.3.8. **350 KW-Gasturbinenanlage.** Der **Läufer wird durch einen Zuganker zusammengehalten.** Die hohe Drehzahl der Gasturbine wird duch ein Stoekkicht-Planetengetriebe ins Langsame untersetzt. (Allen)

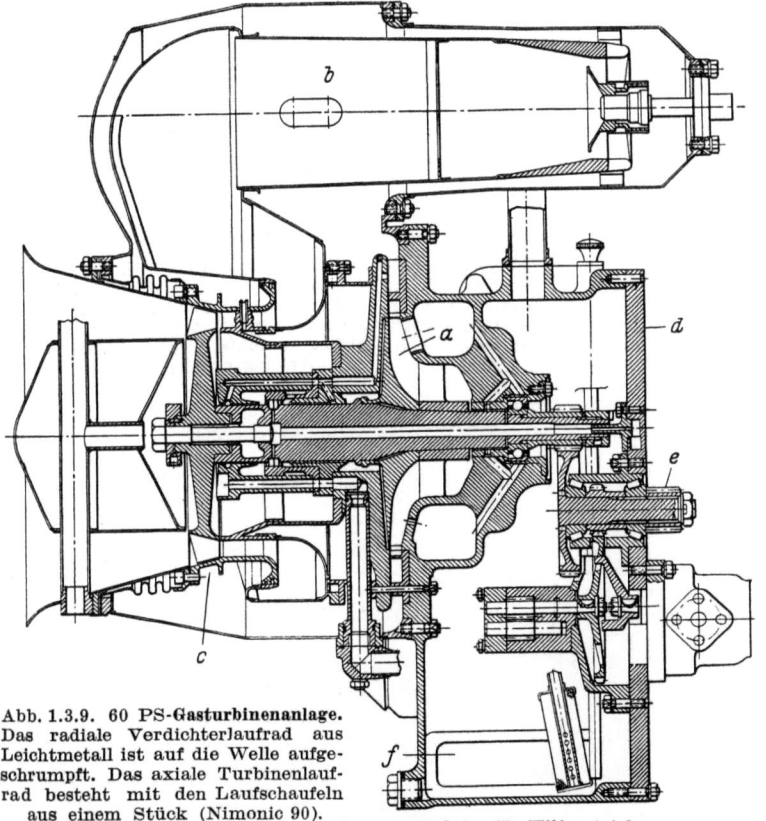

Abb. 1.3.9. **60 PS-Gasturbinenanlage.** Das radiale Verdichterlaufrad aus Leichtmetall ist auf die Welle aufgeschrumpft. Das axiale Turbinenlaufrad besteht mit den Laufschaufeln aus einem Stück (Nimonic 90).
 a Einstufiger Radialverdichter
 b Brennkammer
 c Einstufige Axialturbine
 d Montageplatte für Hilfsantriebe
 e Abtriebszahnrad für die Nutzleistung
 f Ölsumpf
Daten: Drehzahl 46000 U/min; Druckvehältnis 1 : 2,9; normale Gastemperatur 790°C; Luftdurchsatzgewicht 0,61 kg/s; Brennstoffverbrauch 0,65 kg/PSh; Gewicht 53 kg (Rover)

Abb. 1.3.10. **Laufradbefestigung mittels geschlitzter, konischer Buchse.** Die geschlitzte konische Buchse a wird mittels Mutter b zwischen Welle und Laufrad gezogen, wodurch eine Spannungsverbindung entsteht. Das Drehmoment zwischen Welle und Laufrad wird durch die Paßfeder f übertragen, die in dem Schlitz der Buchse liegt. (AEG)

2 Leitvorrichtungen und Leiträder

Abb. 2.1. **Einströmgehäuse und Leitapparat einer radialen Abgasturbine.** (Zugehöriges Laufrad Abb. 1.1.4) (amer. de Laval)

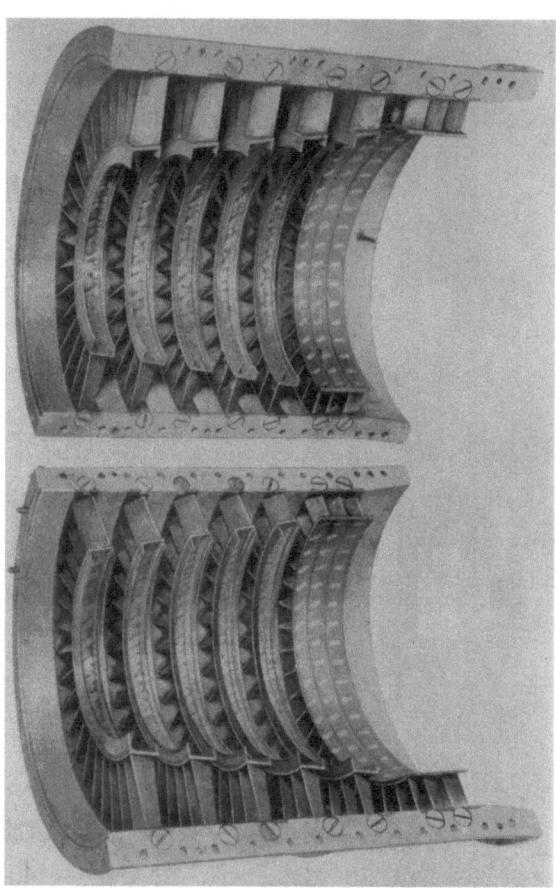

Leiträder von Kreiselpumpen
s. Abb. 6.1.6, 6.1.6b,
6.2.2 bis 6.2.4

Abb. 2.2. **Leitapparat eines 6-stufigen Axialverdichters.** Durch die drei hintereinander angeordneten Leitschaufelreihen der letzten Stufe soll die am Laufschaufelaustritt vorhandene Umfangskomponente der Strömung in Druck umgesetzt werden. Der zugehörige Läufer ist in Abb. 1.3.4 dargestellt. (Westinghouse)

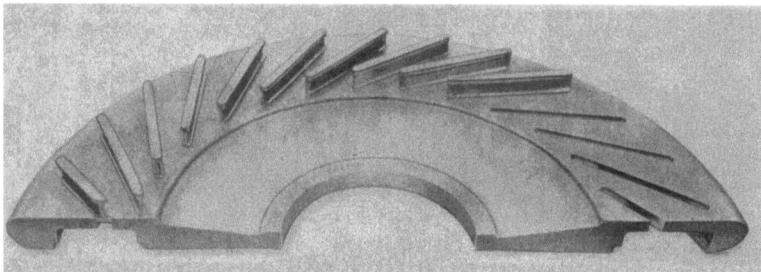

Abb. 2.3. **Herstellung des Leitrades** eines Radialverdichters. Gefräste Profile werden in Schlitze in der Diffusorwand eingesetzt und von der dem Strömungskanal abgewandten Seite her verschweißt. (Escher Wyss)

Leitvorrichtungen und Leiträder

Abb. 2.4. **Francis-Wasserturbine mit Spiralgehäuse.** Fallhöhe 58 m; 30000 PS. Die Verstelleinrichtung der Leitschaufeln ist an der Stirnseite der Maschine gut zu erkennen. (Voith)

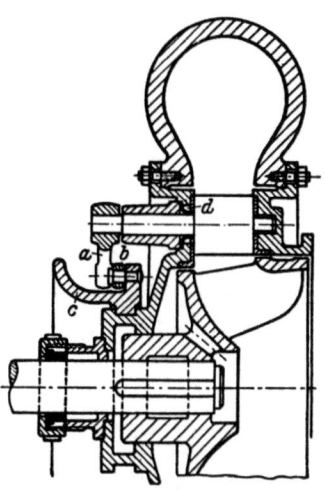

Abb. 2.5. **Schnitt durch eine Francis-Wasserturbine** ähnlich Abb. 2.4.
 a Hebel, auf Leitschaufelzapfen aufgekeilt
 b Lenker, verbindet Regelring *c* mit Hebel *a*
 c Regelring
 d Leitschaufel mit abgedichtetem Zapfen (Voith)

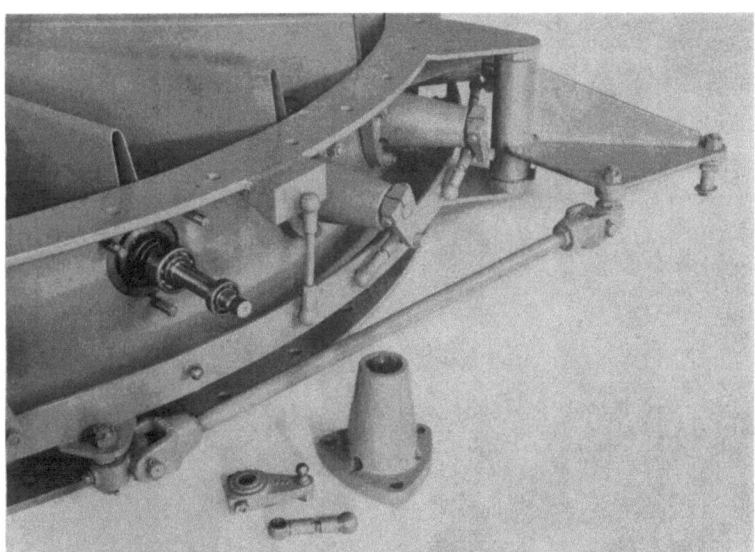

Abb. 2.6. **Lagerung und Verstelleinrichtung der Eintritts-Leitschaufeln** eines Schichtgebläses (Drallregler). (KKK)

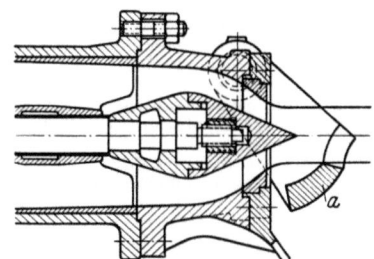

Abb. 2.7. **Düse mit Ablenker** *a* einer Pelton-Wasserturbine

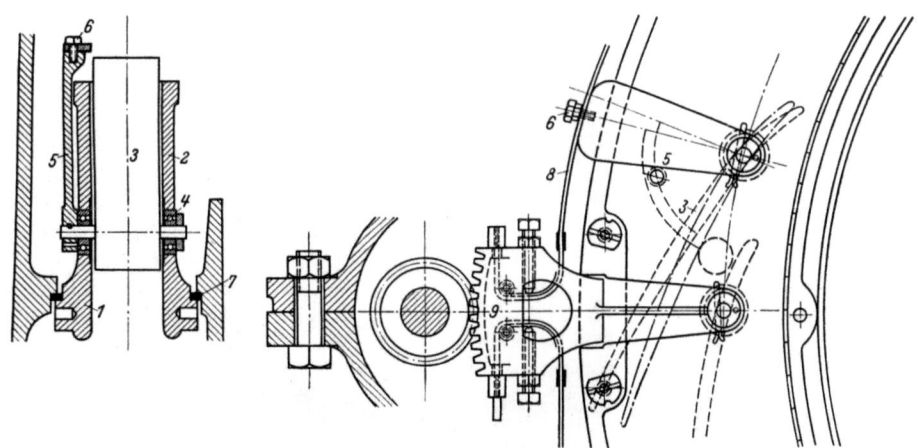

Abb. 2.8. **Verstellbare Austrittsleitschaufeln** eines Radialverdichters.
 1 u. *2* Seitenwände
 3 verstellbare Leitschaufeln
 4 Kugellager
 5 Leitschaufel-Verstellhebel
 6 Seilklemmen
 7 Abdichtung
 8 Antriebsseil
 9 Hebel für äußeren Antrieb (BBC)

3 Herstellung von Schaufeln

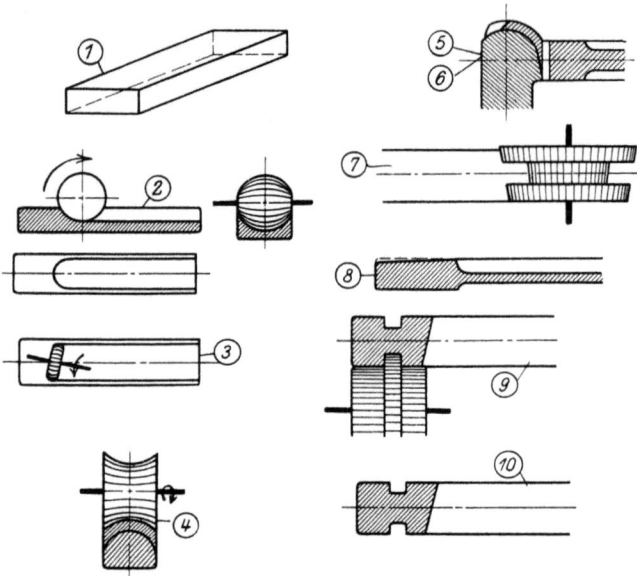

Abb. 3.1. Herstellungsgang einer Dampfturbinenschaufel.

1 Abschneiden auf richtige Länge und Fräsen des prismatischen Stücks
2 Fräsen der hohlen Schaufelfläche
3 Anfräsen der schrägen Schaufelschulter
4 Fräsen des Schaufelrückens
5 und 6 Fräsen der Eintritts- bzw. Austrittskante
7 Anfräsen des Nietzapfens für das Deckband
8 Fräsen der im eingebauten Zustand radial verlaufenden Flächen des Schaufelfußes.
9 Fräsen der Nuten im Fuß
10 Polieren der Schaufelflächen (Escher Wyss)

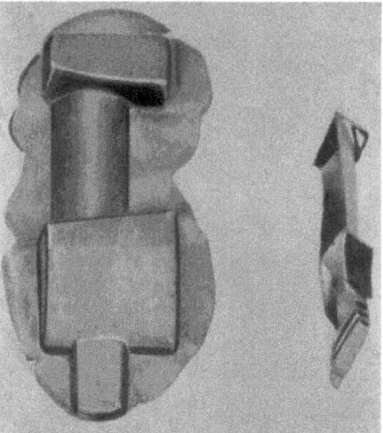

Abb. 3.2. Geschmiedeter Rohling und fertige Gasturbinen-Laufschaufel. Das Schaufelblatt ist einschließlich seiner Übergänge zum Fuß und Kopf sehr genau geschmiedet und wird nach dem Entgraten nicht weiter bearbeitet. (Rolls Royce)

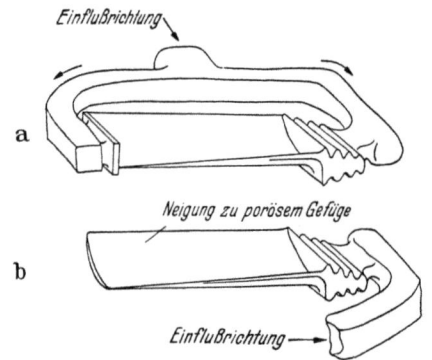

Abb. 3.3a u. b. Anordnung der Eingüsse beim Präzisionsgießen von Turbinenschaufeln. a) zweckmäßige Anordnung b) unzweckmäßige Anordnung. Die Schaufeln werden mit Hilfe des Wachsausschmelzverfahrens eingeformt. (Bristol)

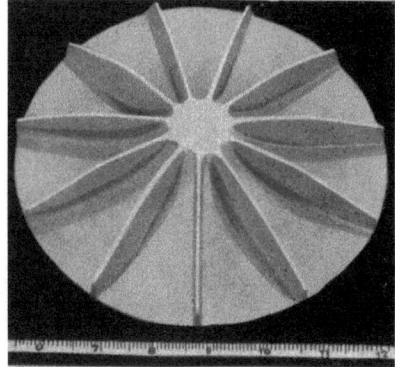 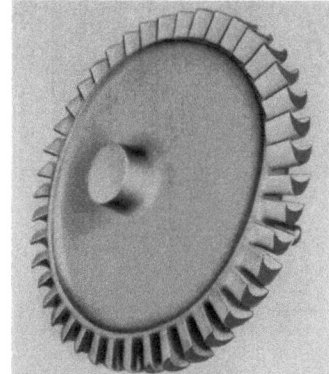

Abb. 3.4. Kompressor- und Turbinenlaufräder aus voll gesintertem Kentanium (Titankarbid mit Legierungszusätzen aus Nickel und Kobalt). Betriebsdrehzahl 30 000 U/min, Maßangabe im linken Bild in Zoll, Betriebstemperatur in der Turbine ca. 1000 °C. Herstellungstoleranz ½ bis 1 % für alle Abmessungen (Kennametal)

3 Herstellung von Schaufeln

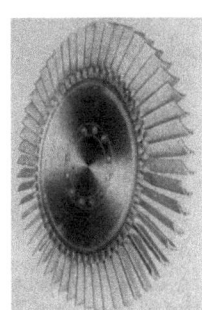 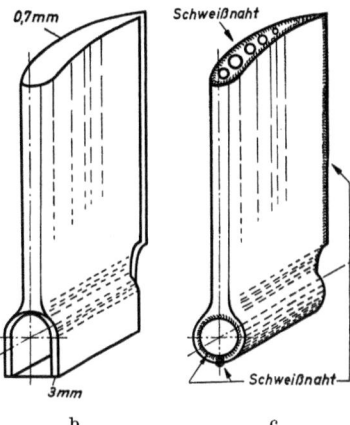

Abb. 3.5a—c. **Herstellung von Gasturbinenschaufeln aus austenitischem Blech.** Die zur Fertigung der Schaufeln benötigten Bleche werden zunächst zugeschnitten und dann auf besonderen Walzwerken konisch so zugewalzt, daß die Schaufel am Fuß etwa 3 mm und am Kopf etwa 0,7 mm Blechdicke aufweist. In mehreren Arbeitsgängen werden die Rohlinge dann zur Form b) gebogen und an der Austrittskante verschweißt. In den Fuß der Schaufel wird in weiteren Arbeitsgängen ein mit Querbohrungen für den Kühlluftdurchtritt versehener Bolzen eingeschweißt, der dem Blech-Laval-Fuß die erforderliche Steifigkeit gibt. Zur Versteifung und Verhinderung von Blattschwingungen wird dann am Kopf eine Lochplatte eingeschweißt c). Das fertige Turbinenrad zeigt a). (SNECMA)

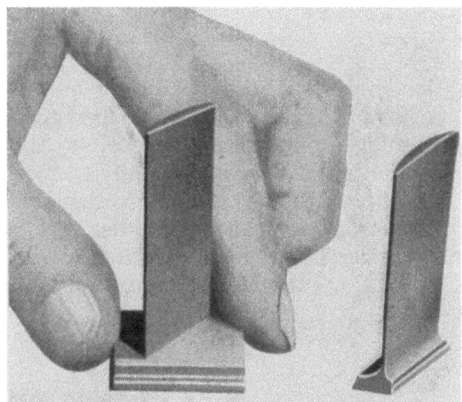

Abb. 3.6. **Axialverdichterschaufeln.** Die linke Schaufel ist von einer gezogenen Profilstange abgeschnitten und in die mit einem passenden Schlitz vorbearbeitete Grund- oder Halteplatte eingeschweißt. Gegenüber der aus dem Vollen geschmiedeten Schaufel (rechts) konnten durch das neue Verfahren 55% der bisherigen Fertigungskosten und 39% der Werkstoffkosten eingespart werden. (GEC)

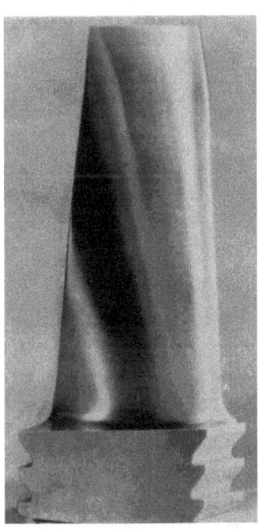 

Abb. 3.7. **Laufschaufel** eines Axialverdichters. Die Schaufel ist mit dem Fuß **aus einem Schmiedestück herausgearbeitet.** (BBC)

Abb. 3.8. **Laufschaufel** eines Axialverdichters mit Zwischenstücken. Die Schaufel ist aus einem gezogenen Vorprofil gefräst. Der **Fuß ist angestaucht.** Die Schaufel wird durch Zwischenstücke gehalten. (BBC)

4 Ausgleich des Axialschubes

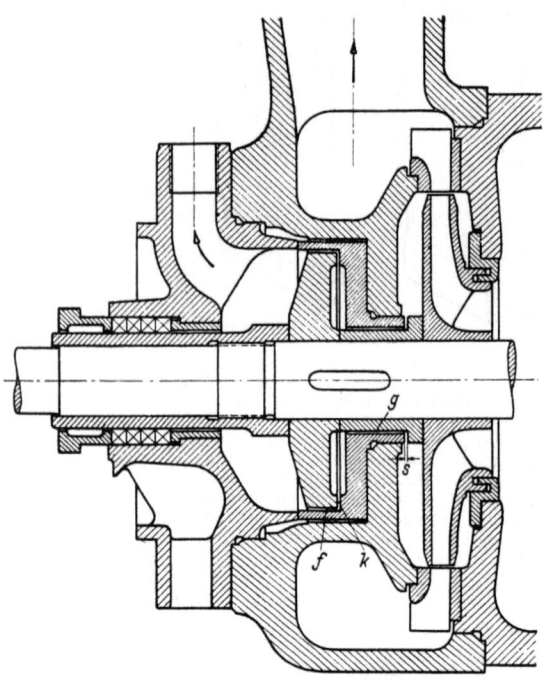

Abb. 4.1. **Ausgleich des Achsschubes** einer mehrstufigen Kreiselpumpe **durch besondere Scheibe.** Der Achsschub der Laufräder wirkt nach rechts. Dadurch wird sich der Läufer zunächst nach rechts verschieben und den Spalt k verkleinern, wodurch der von der Druckseite des letzten Laufrades kommende Leckwasserstrom bei k stark gedrosselt wird und deshalb der Druck auf der rechten Seite der Ausgleichsscheibe ansteigt. Ist der Achsschub ausgeglichen, erfolgt keine axiale Verschiebung des Läufers. Bei einem Achsschub nach links vergrößert sich der Spalt k, wodurch sich — wegen der Drosselung bei Spalt g und s — der Druck auf der rechten Seite der Ausgleichsscheibe verringert. Der unveränderliche Spalt g (am kleinen Durchmesser) und der veränderliche Spalt k (am großen Durchmesser) sind zur Funktion dieses Achsschubausgleichs unbedingt erforderlich. Die Spalte können auch in anderer Reihenfolge angeordnet sein (vgl. z. B. Abb. 6.1.8). Ein Spurlager darf entweder nicht vorhanden sein, oder es muß elastisch mit dem Gehäuse verbunden sein (vgl. Abb. 6.1.8, 6.2.3, 6.2.4 u. 6.2.15). Auf die Spalte s und f wird bei vielen Konstruktionen verzichtet. Der hier beschriebene Achsschubausgleich mittels Ausgleichsscheibe ist nur bei Strömungsmaschinen möglich, die mit Flüssigkeiten arbeiten. Falls nämlich am Spalt k die Scheibe am Gehäuse anstreift, schmiert und kühlt die Flüssigkeit, wodurch Schäden vermieden werden. (Weise)

Bei Strömungsmaschinen, die mit Gasen oder Dämpfen arbeiten, benutzt man oft zum Ausgleich des Achsschubes **Ausgleichskolben** (vgl. Abb. 1.3.1, 1.3.6, 5.1.1, 5.1.2, 6.1.9 u. 6.2.10). Im Gegensatz zu Maschinen mit Ausgleichsscheibe (Abb. 4.1) muß bei Maschinen mit Ausgleichskolben ein Spurlager vorhanden sein. Das unter Abb. 4.1 beschriebene automatische Angleichen des Druckes auf die Ausgleichsscheibe an den tatsächlich vorhandenen Achsschub ist bei Maschinen mit Ausgleichskolben nicht möglich. Bei Strömungsmaschinen aller Art wird der **Achsschub** häufig auch **durch eine spiegelbildliche Anordnung der Lauräder** ausgeglichen (vgl. Abb. 5.1.3, 6.1.6 u. 6.1.7). Weitere Möglichkeiten des Achsschubausgleichs zeigen Abb. 7.1.3a (vgl. auch Abb. 2.5, 6.1.5b, 6.2.1) und Abb. 7.1.3b.

5 Kühlung und Heizung an Strömungsmaschinen

5.1 Kühlung des Arbeitsmediums zwecks Arbeitsersparnis bei Verdichtern

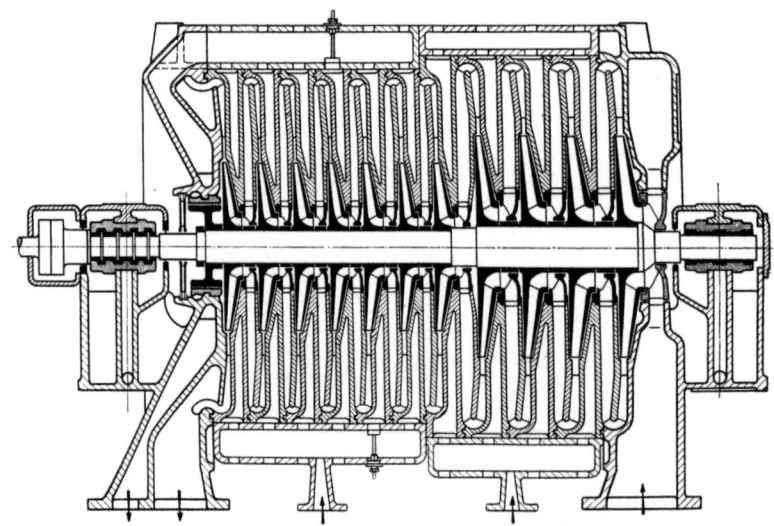

Abb. 5.1.1. **Radialverdichter mit Gehäusekühlung (Innenkühlung).** Das Kühlwasser tritt unten an den kleinen in der Mitte befindlichen Stutzen ein, umströmt die Leitkanäle und wird aus den oben angeordneten Kammern abgeführt. (Demag)

5.1 Kühlung des Arbeitsmediums zwecks Arbeitsersparnis bei Verdichtern

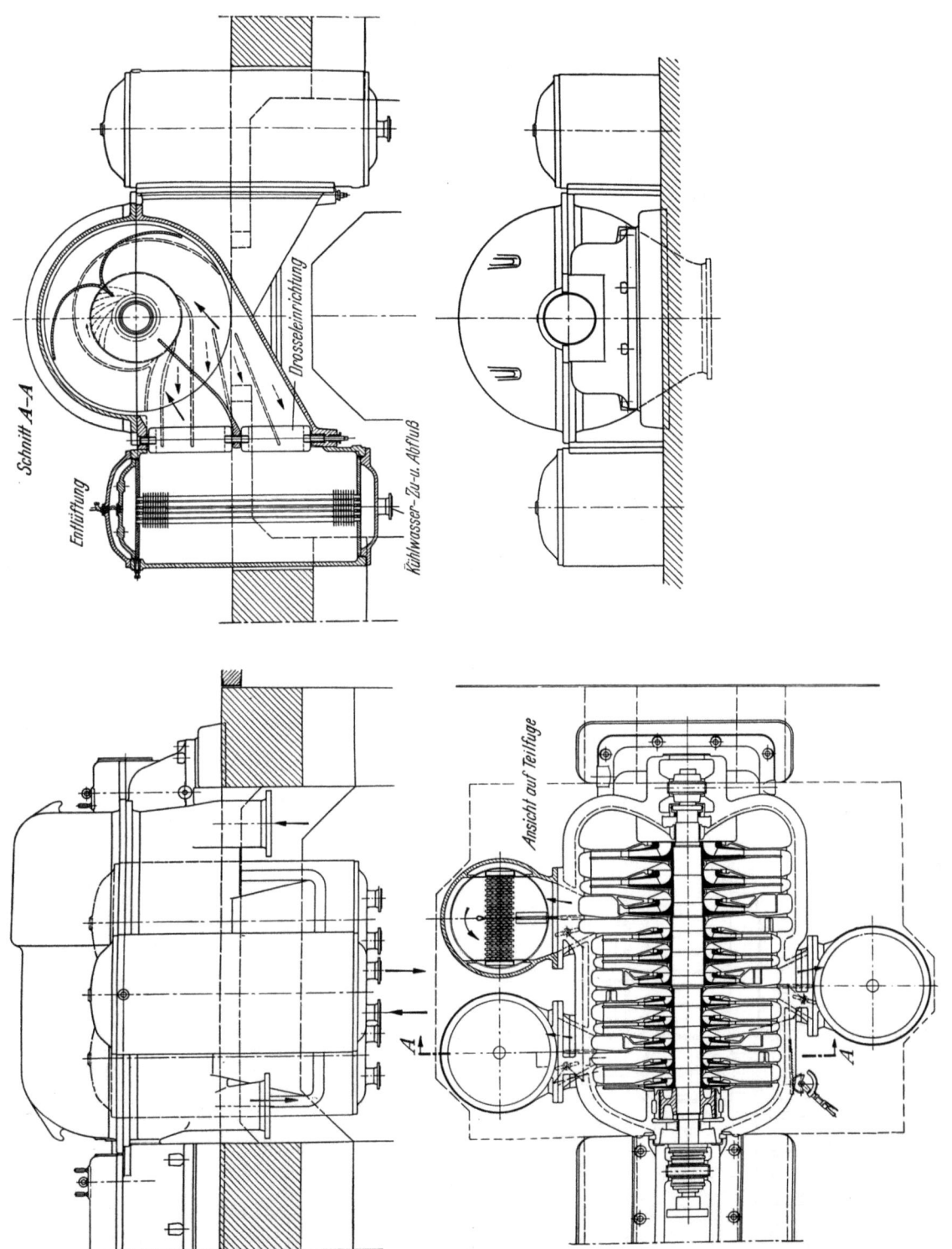

Abb. 5.1.2. 11-stufiger Radialverdichter mit 3 Zwischenkühlern (Außenkühlung) (GHH)

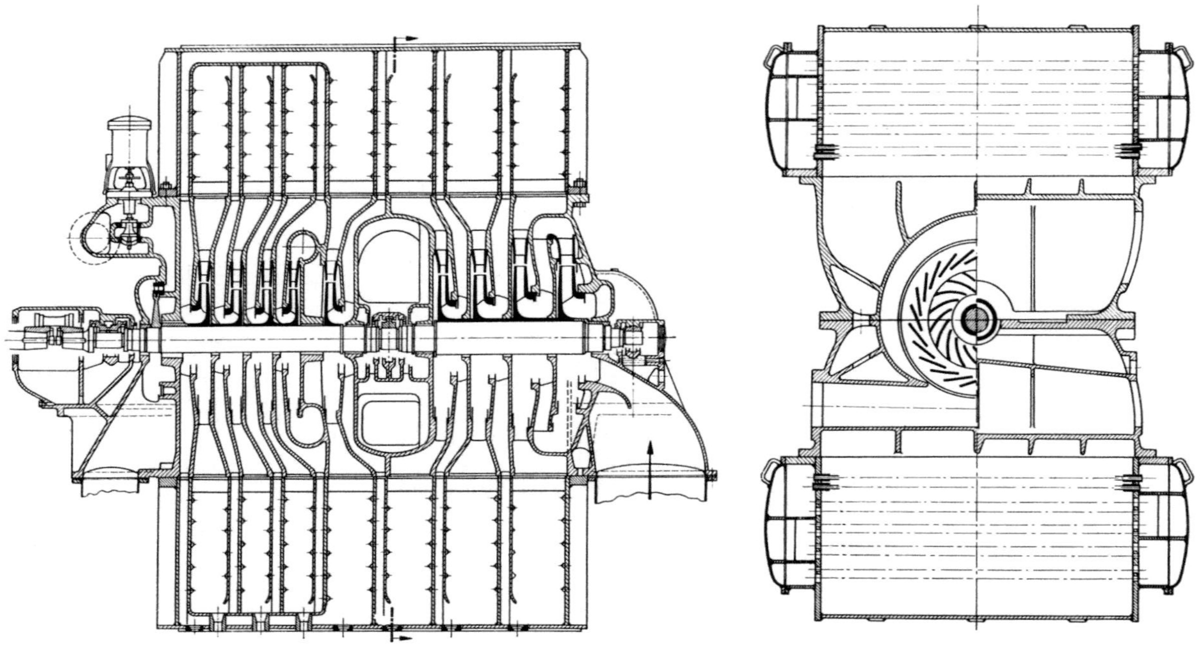

5 Kühlung und Heizung an Strömungsmaschinen

Abb. 5.1.3a. **Kühlkasten.** Das Bild zeigt einen der beiden, oben und unten liegenden Kühlkästen des Verdichters Abb. 5.1.3. (BBC)

Abb. 5.1.3b. **Ansicht des Verdichters** Abb. 5.1.3. Ansaugvolumen 40 000/48 000 m³/h Luft, Enddruck 6 ata. Antrieb durch eine Dampfturbine. Frischdampfzustand 13,0 ata, 350 °C; Kühlwassertemperatur 22 °C (BBC)

Abb. 5.1.3. 9-stufiger **Radialverdichter mit 7 Zwischenkühlern** hinter der 2. bis vorletzten Stufe (vgl. Abb. 5.1.3a u. 5.1.3b) (BBC)

5.2 Kühlung einzelner Bauteile aus Gründen der Festigkeit

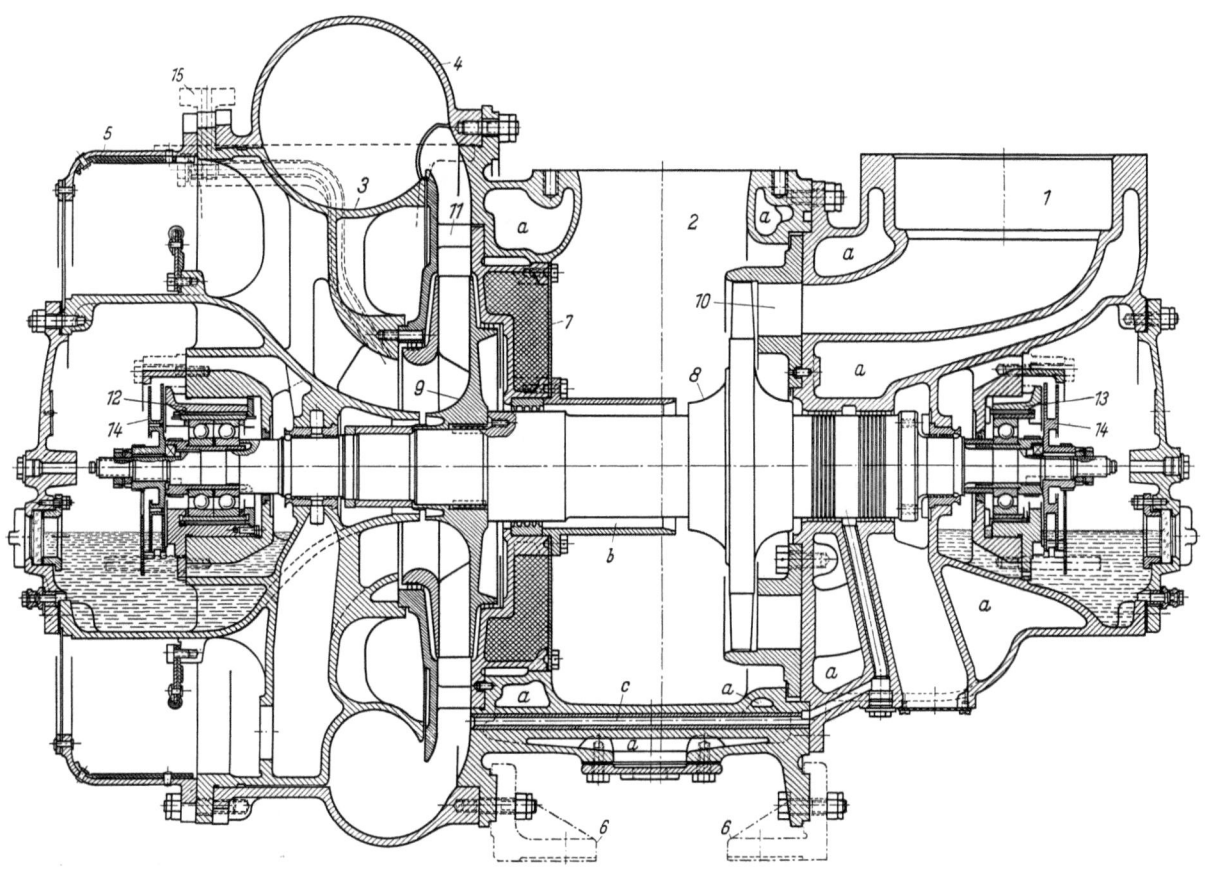

Abb. 5.2.1. **Wassergekühlter Abgasturbolader.** (Außendurchmesser der Laufräder ca. 320 mm). Das gußeiserne Gehäuse der Abgasturbine ist doppelwandig, wobei zwischen den Wandungen in den Räumen a Kühlwasser fließt. Diese Kühlung gleicht äußerlich der von Abb. 5.1.1, hat aber hier den Zweck, trotz hoher Gastemperatur eine hohe Dauerstandfestigkeit des Gehäuses und geringe Temperaturen an den Lagern zu erhalten. Der Wärmeverlust des Arbeitsmediums und die damit verbundene Wirkungsgradverschlechterung ist gering. Die Kühlung der Welle erfolgt mittels vom Verdichter kommender Leckluft bei b und besonders entnommener Druckluft bei c. (Eine ähnlich wirkende Kühlung liegt bei den in Abb. 7.2.2 gezeigten Labyrinth-Stopfbüchsen vor.) Max. Gastemperatur ca. 600°C. Die Verstellmöglichkeiten des Gehäuses sind in Abb. 6.2.16 zusammengestellt.

1 Gaseintrittsgehäuse, wassergekühlt
2 Gasaustrittsgehäuse, wassergekühlt
3 Inneres Gebläsegehäuse
4 Äußeres Gebläsegehäuse
5 Ansaug-Schalldämpferhaube
6 Befestigungsfüße
7 Zwischenwand, wärmeisolierend
8 Welle mit Turbinenrad
9 Gebläserad
10 Düsenring
11 Diffusor
12 Lagereinbau, Schub- und Traglager
13 Lagereinbau, Traglager
14 Ölschleuderscheibe
15 Anschluß für Kurbelkastenentlüftung des Dieselmotors (BBC)

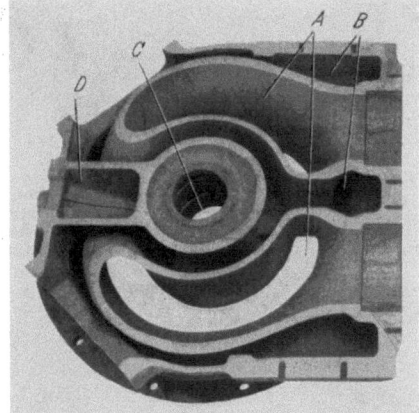

Abb. 5.2.1a. **Aufgeschnittenes Gaseintrittsgehäuse** (Grauguß) **eines wassergekühlten Abgasturboladers** ähnlich Abb. 5.2.1.

A Gaseinströmkanäle C Lagerraum
B Kühlwasserraum   D Abströmkanal der Leckluft (BBC)

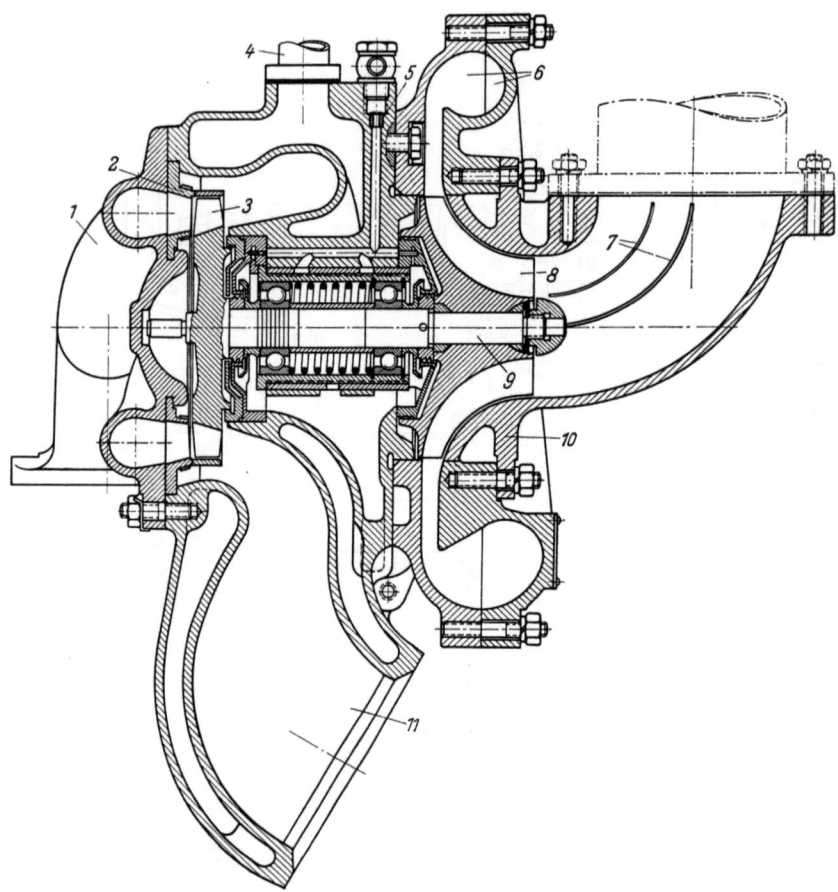

Abb. 5.2.1b. **Abgasturbolader mit wassergekühltem Gehäuse.** Drehzahl max. 40000 U/min, Lagerung auf zwei durch Spritzöl geschmierten Rillenkugellagern (SKF Nr. 6204 MA/C 154) mit 20 mm Bohrung. Die Lager sind durch eine Federanordnung spielfrei angestellt.

1 Gaseinströmgehäuse
2 Turbinenleitapparat
3 Turbinenlaufrad (mit Teil 9 aus einem Stück)
4 Kühlwasserrücklauf
5 Drosselstelle
6 Gebläsegehäuse
7 Leitbleche
8 Gebläselaufrad
9 Welle
10 Ansaugkrümmer
11 Wassergekühltes Turbinengehäuse (MAN)

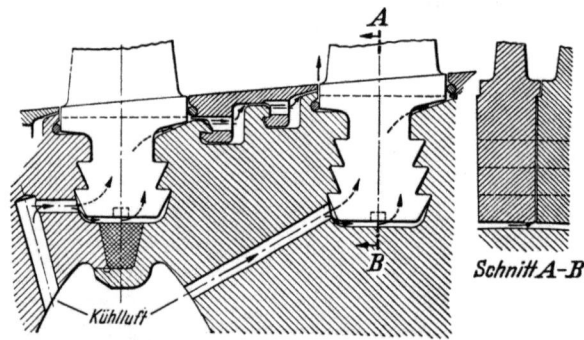

Abb. 5.2.2. **Kühlung des Rotors und der Schaufelfüße einer Gasturbine.** Leistung 6500 PS. Die Oberfläche des Läufers ist vor der Berührung mit dem heißen Arbeitsgas durch Deckringe aus hochwarmfestem Werkstoff geschützt. Die Kühlluft wird durch Hohlräume des Läufers zwischen den Schaufelfüßen und zwischen Deckring und Läufer geführt und dann in den Treibgasraum eingeblasen. Bei einer Kühlluftmenge von 2% des gesamten Luftdurchsatzes bleibt der Läufer um ca. 250°C kühler als das Gas. (English Electric)

5.2 Kühlung einzelner Bauteile aus Gründen der Festigkeit

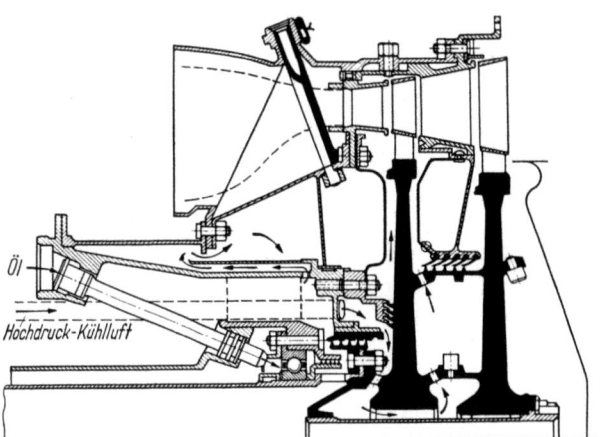

Abb. 5.2.3. Luftschraubenturbine der Flugzeuggasturbine „Dart". Zu beachten ist die **Kühlung der Turbinenscheiben**. Die Turbinenschaufeln besitzenden in Abb. 5.2.3a gezeigten und erläuterten Schaufelfuß. (Rolls-Royce)

Abb. 5.2.3a. **Verlängerter Schaufelfuß** der in Abb. 5.2.3 gezeigten Gasturbine. Durch die Verlängerung des Schaufelfußes bleibt die **Turbinenscheibe** erheblich kühler, und zwar weil erstens durch die Wärmeabgabe im Verlängerungsstück die von den Schaufeln an die Scheibe übertragene Wärmemenge verringert wird und zweitens weil die heißen Gase völlig von der Radscheibe ferngehalten werden. Wie sich die Turbinenscheibentemperaturen ohne und mit verlängertem Schaufelfuß ergeben, zeigt Abb. 5.2.3b. (Rolls Royce)

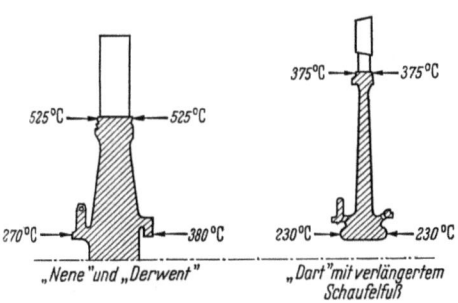

Abb. 5.2.3b. **Temperaturen von Gasturbinenscheiben** der Turbinen „Nene" und „Derwent" ohne und der Turbine „Dart" mit verlängertem Schaufelfuß. (Rolls-Royce)

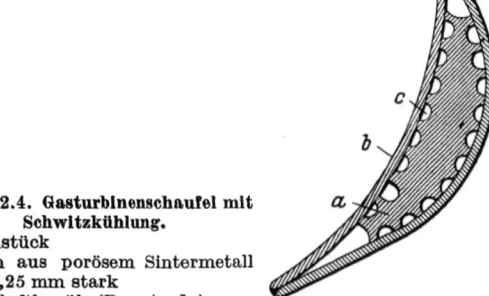

Abb. 5.2.4. **Gasturbinenschaufel mit Schwitzkühlung.**
a Kernstück
b Blech aus porösem Sintermetall ca. 1,25 mm stark
c Kühlluftkanäle (Pametrada)

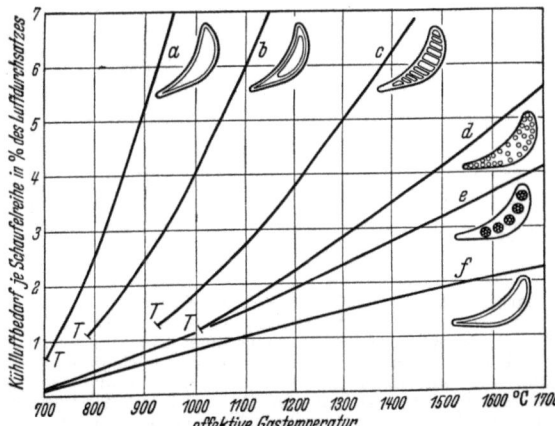

Abb. 5.2.5. **Berechneter Kühlluftbedarf** für eine Schaufelreihe einer Gasturbine in % des gesamten Luftdurchsatzes bei verschiedenen Arten von Schaufelkühlung. Eintrittstemperatur der Kühlluft 50 °C, Kühlung der Schaufeln auf 650 °C. Die Umschlagspunkte in den Kühlkanälen von laminarer in turbulente Strömung ($Re \approx 2500$) sind mit T bezeichnet. a bis e konvektive Kühlung mit verschiedenen Kanalquerschnitten; f Schwitzkühlung
(Nach T. W. F. Brown)

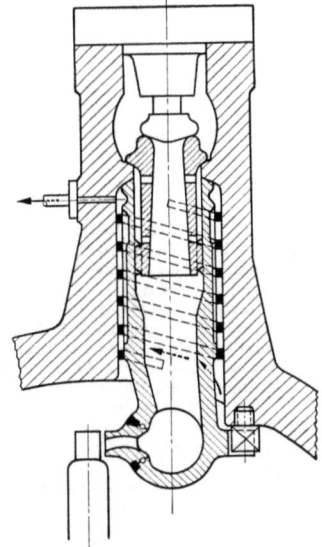

Abb. 5.2.6. **Kühlung des Düsenkastens** einer Dampfturbine durch Arbeitsmedium, das schon Arbeit geleistet hat und deshalb kühler ist. Zwischen Düsenkastenhals und Gehäuse wird entlang einer Schraubenlinie Dampf, der in der Regelstufe schon Arbeit geleistet und sich somit schon etwas abgekühlt hat, nach außen und von dort zu einer Zwischenstufe geführt. (BBC)

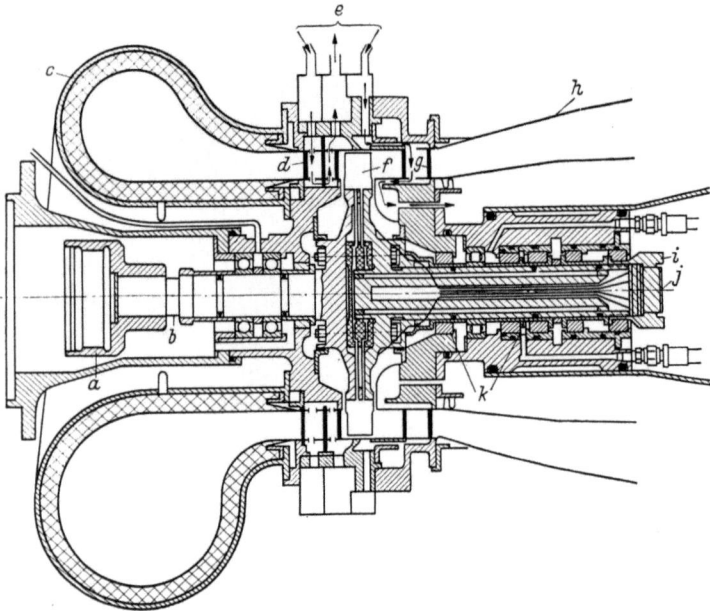

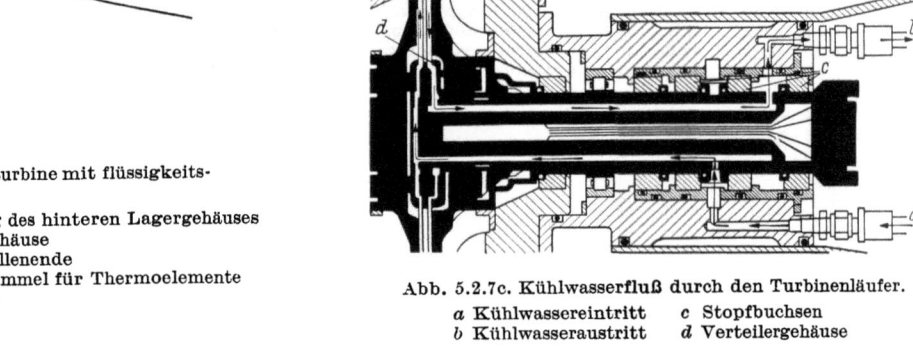

Abb. 5.2.7b. Aufbau einer Leitschaufel

Abb. 5.2.7a. Längsschnitt der Versuchsgasturbine mit flüssigkeitsgekühltem Rotor.

a Kupplung zum Kompressor
b vorderer Wellenteil
c Einströmgehäuse
d Leitschaufeln
e Kühlluft
f Laufschaufeln
g Aufhängung des hinteren Lagergehäuses
h Ausströmgehäuse
i hinteres Wellenende
j Anschlußstummel für Thermoelemente
k Dichtungen

Abb. 5.2.7c. Kühlwasserfluß durch den Turbinenläufer.

a Kühlwassereintritt   c Stopfbuchsen
b Kühlwasseraustritt   d Verteilergehäuse

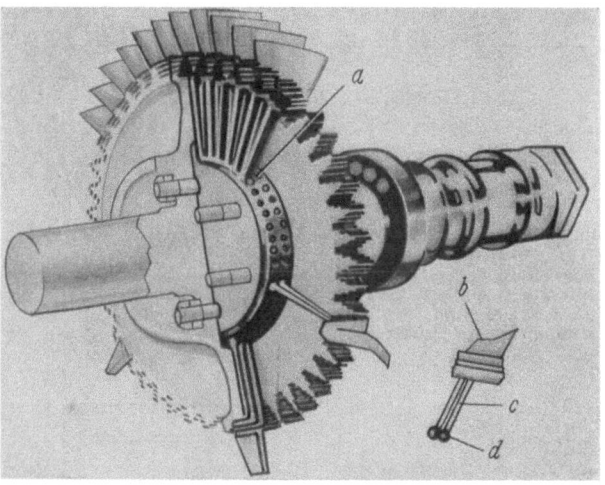

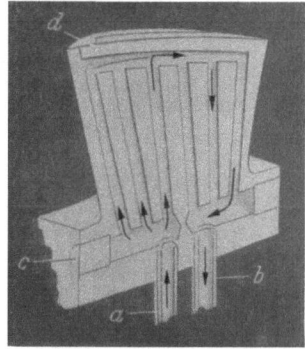

Abb. 5.2.7e. Aufbau des Turbinenläufers.

a Verteilergehäuse   c Zu- und Abströmrohre
b Laufschaufel   d Dichtungen

Abb. 5.2.7d. Aufbau einer Laufschaufel.

a Kühlwassereintritt
b Kühlwasseraustritt
c Verschlußstopfen
d Verschlußdeckel

Abb. 5.2.7a—e. Flüssigkeits-Innenkühlung des Läufers einer Versuchsgasturbine. Abb. 5.2.7a zeigt die einstufige Turbine im Schnitt. Das Einströmgehäuse ist doppelwandig. Die Innenwand ist dünnes Blech aus 5%igem Chromstahl, das auf der Innenseite zum Schutz gegen Verzunderung verchromt ist. Zwischen diesem Blech und der Außenwand des Gehäuses befindet sich eine Schicht Isolationsmaterial, die gleichzeitig den Gasdruck an die Außenwand überträgt. Die Außenwand besteht aus einfachem unlegiertem Baustahl. Die Leitschaufeln sowie alle weiteren Gasführungsteile sind mit Luft gekühlt. Die Leitschaufeln sind entsprechend Abb. 5.2.7b aus Stahlblech und haben hart eingelötete Wellblecheinlagen als Luftführungskanäle. In Abb. 5.2.7c ist der flüssigkeitsgekühlte Rotor mit Kühlkreislauf dargestellt. Der Kühlwasserzulauf sowie die Kühlwasserabführung sind am Wellenumfang gegeneinander sowie gegen den Außenraum durch Stopfbuchsen aus glatten Kohleringen besonders abgedichtet. Das Kühlwasser wird vom Innenteil des Rotors durch radiale Röhrchen den Laufschaufeln zugeführt und ebenso wieder aus den Laufschaufeln abgeführt. In Abb. 5.2.7d ist eine Laufschaufel dargestellt. Die Laufschaufeln sind aus niedriglegiertem Cr Mo V-Stahl (1,25 % Cr; 0,5 % Mo; 0,25 % V) hergestellt. Die für das Bohren der Kühlwasserkanäle erforderlichen Öffnungen werden am Schaufelfuß und am Schaufelkopf durch Stopfen und einen Blechdeckel verschlossen. Stopfen und Deckel sind hart eingelötet. In die Schaufelfüße sind auch die Zuleitungs- und Ableitungsröhrchen für das Kühlwasser hart eingelötet. Zum Schutz gegen Verzunderung und Korrosion ist die Oberfläche der Schaufel verchromt. Diese Kühlung hat sich bei einem Dauerversuch von 100 Stunden mit einer Frischgastemperatur von 927°C gut bewährt. Bei einer Frischgastemperatur von 816°C wurde an den Schaufelblättern mit Thermoelementen eine Temperatur von nur etwa 371°C gemesssen. (Solar Aircraft)

5.3 Heizung an Strömungsmaschinen

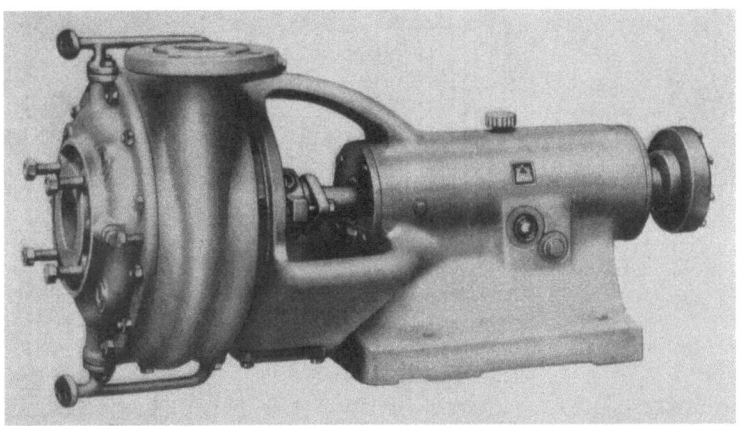

Abb. 5.3.1. **Heizbare Kreiselpumpe.** Zähe Flüssigkeiten, die nur im warmen oder heißem Zustand gut pumpfähig sind, erfordern Spezial-Kreiselpumpen mit heizbarem Gehäuse, um ein Eindicken des Fördergutes innerhalb der Pumpe durch Abkühlung zu verhindern. (AMAG-HILPERT)

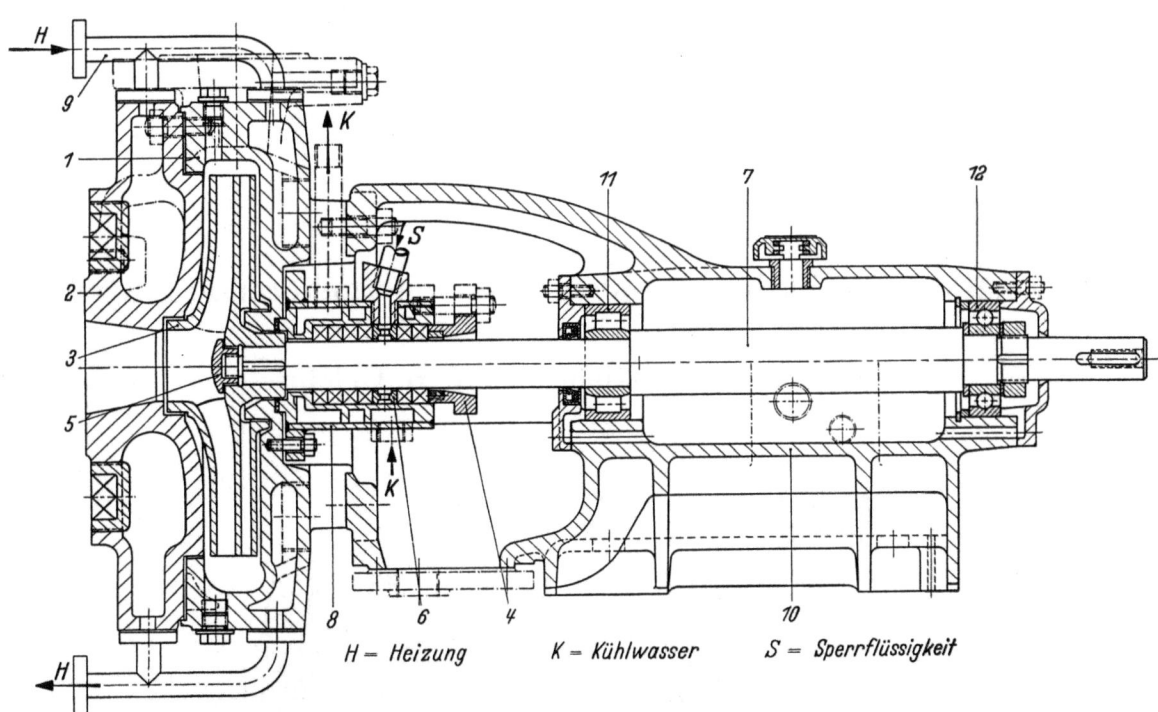

Abb. 5.3.1a. Schnitt durch die in Abb. 5.3.1 dargestellte **heizbare Kreiselpumpe**.

Es bedeuten:

1 Spiralgehäuse	5 Laufradkappe	9 Heizrohr
2 Saugdeckel	6 Sperrkammerring	10 Lagerstuhl
3 Laufrad	7 Welle	11 Zylinderrollenlager
4 Stopfbüchsbrille	8 Stopfbüchsgehäuse	12 Rillenkugellager (AMAG HILPERT)

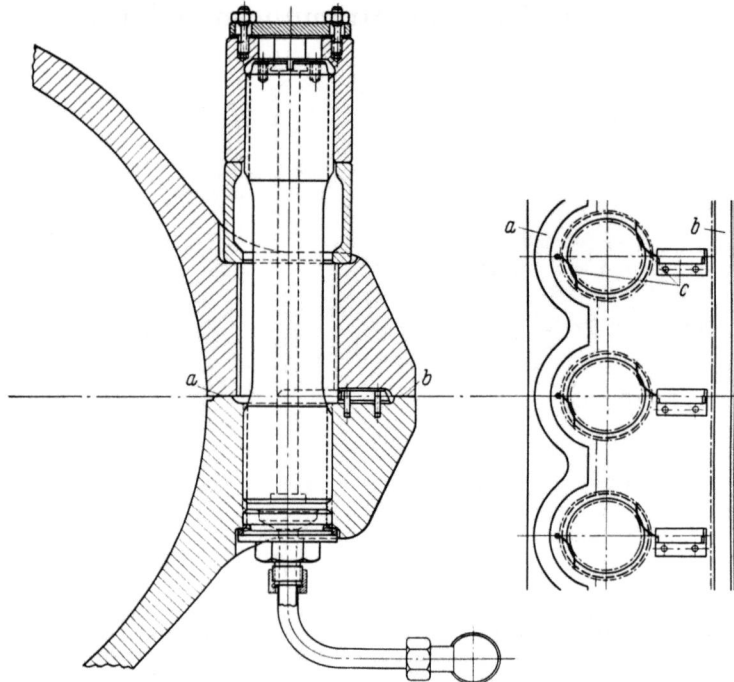

Abb. 5.3.2. **Flanschheizung einer Hochdruckdampfturbine.** Der Heizdampf strömt durch den Kanal zwischen Dichtleiste a und Stützleiste b und wird durch die Umlenkbleche c zum Umspülen des Bolzens gezwungen. So werden nicht nur der Flansch sondern auch die Bolzen rasch auf die Gehäusetemperatur gebracht. Ein Überstrecken der Bolzen durch den heißen Flansch beim Anfahren wird auf diese Weise verhindert. Als Heizdampf benutzt man Anzapfdampf zwischen zwei Anzapfungen. Man erreicht so, daß bei raschem Lastwechsel die Temperatur der Flansche und Bolzen nicht nachhinkt. Bei der rechts dargestellten Draufsicht auf die Teilfuge sind die Umlenkbleche c eingebaut, die Bolzen aber herausgeschraubt. (BBC)

6 Gehäusekonstruktionen und zum Gehäuse gehörende Einzelteile

6.1 In der Axialebene geteilte Gehäuse

Abb. 6.1.1. **Zwischenboden einer Kammerstufendampfturbine mit in der Axialebene geteiltem Gehäuse.** Trotz radialer Wärmedehnungen darf eine Verschiebung der Mitte des Zwischenbodens gegenüber der Wellenmitte nicht eintreten. Deshalb erfolgt die Führung in der Nähe der Mittellinie durch die Paßstücke K und F. Das Oberteil des Zwischenbodens wird außerdem durch 2 Platten P gehalten, was für die Montage wichtig ist.

6.1 In der Axialebene geteilte Gehäuse

Abb. 6.1.2. **Mehrstufiges Axialgebläse mit in der Axialebene geteiltem Gehäuse.** Ansaugvolumen max. 95000 m³/h, Druckverhältnis ca. 2,3. Antrieb durch Kondensationsdampfturbine (im Hintergrund) (Escher Wyss)

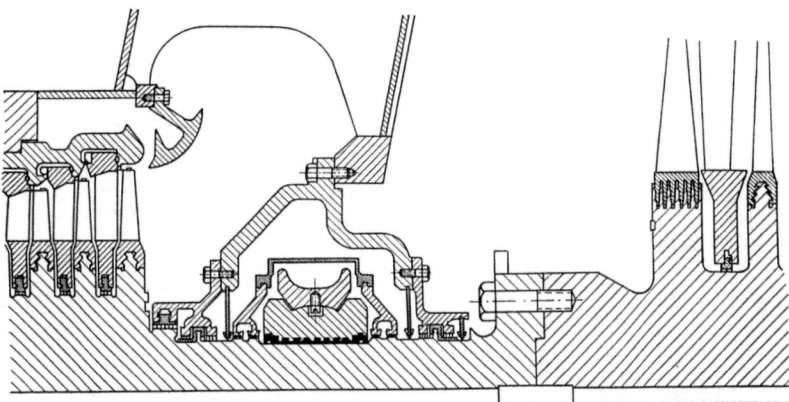

Abb. 6.1.3. Schnitt durch das **Einbaulager** einer vielstufigen Dampfturbine. Die Anwendung solcher Einbaulager ist möglichst zu vermeiden, da sie schlecht zu überwachen sind und ein Öffnen des Lagers oft die Demontage des gesamten Maschinenoberteils erfordert. Trotzdem benutzt man diese Lager vereinzelt bei vielstufigen Dampfturbinen oder Kompressoren. (GEC)

42 6 Gehäusekonstruktionen und zum Gehäuse gehörende Einzelteile

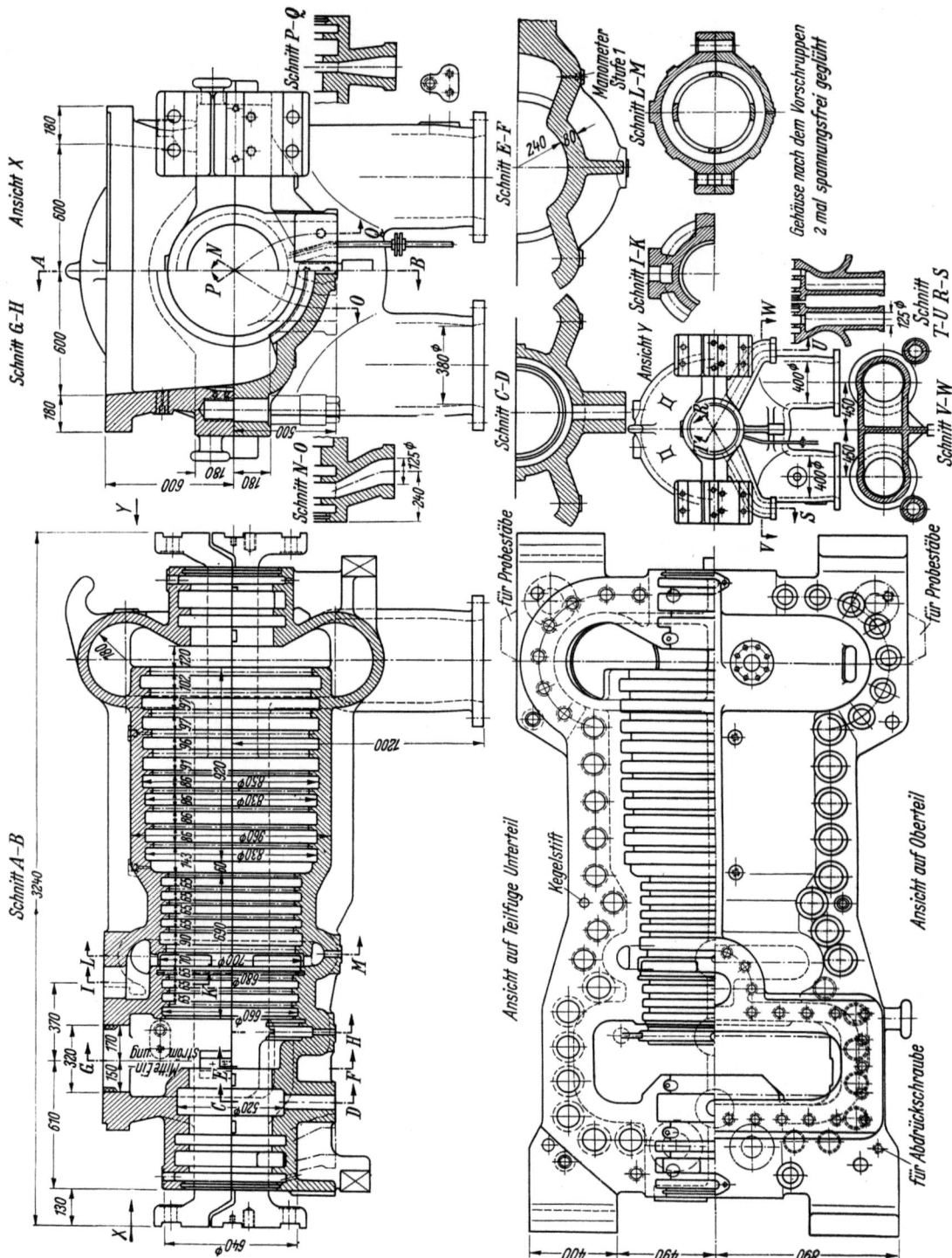

Abb. 6.1.4. In der Axialebene geteiltes Gehäuse einer Hochdruck-Gegendruck-Dampfturbine (AEG)

6.1 In der Axialebene geteilte Gehäuse

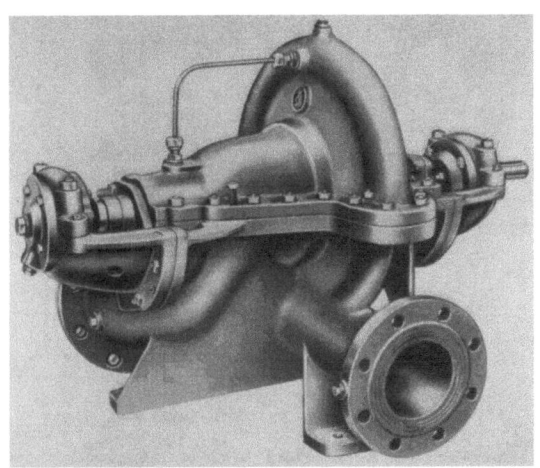

Abb. 6.1.5. Ansicht einer einstufigen **Kreiselpumpe, mit in der Axialebene geteiltem Gehäuse** (KSB)

Abb. 6.1.5a. Die in Abb. 6.1.5 dargestellte Pumpe mit abgenommenem Gehäuseoberteil (KSB)

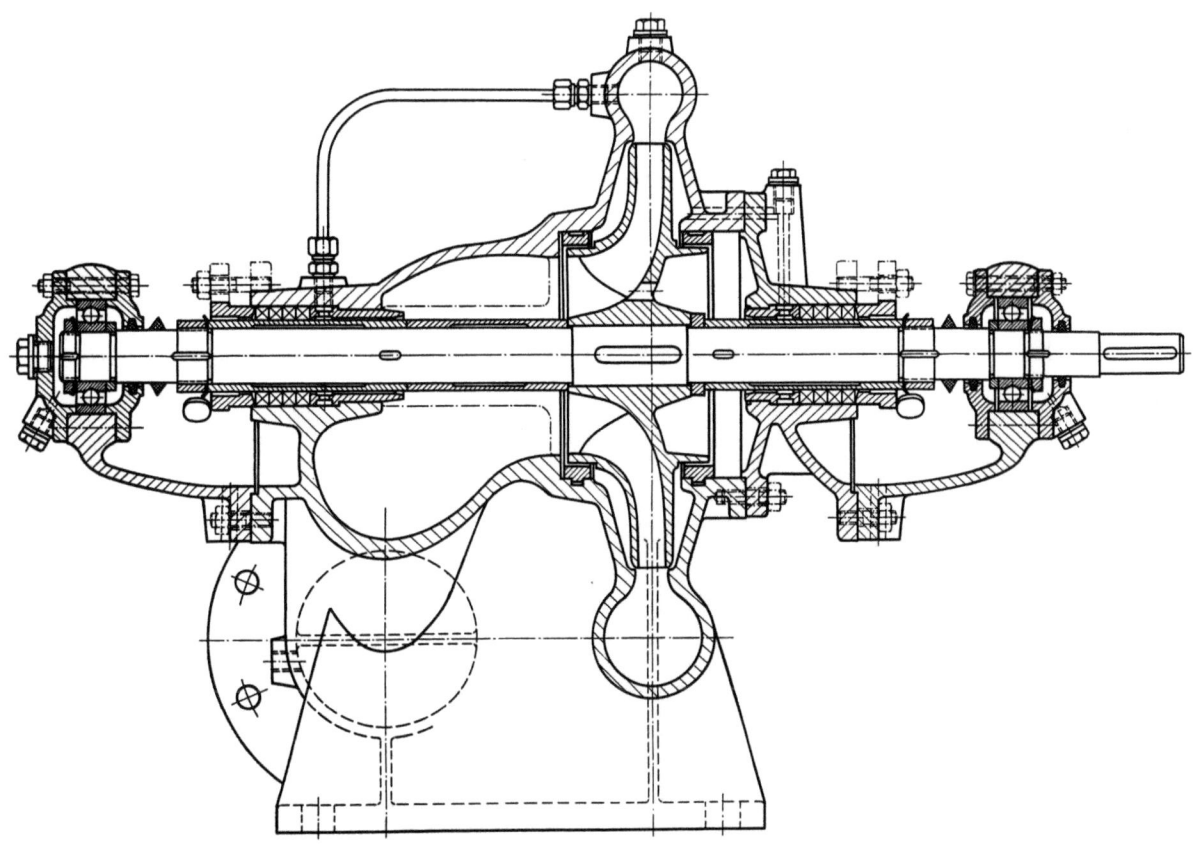

Abb. 6.1.5b. Querschnitt durch die in Abb. 6.1.5 dargestellte Pumpe

44 6 Gehäusekonstruktionen und zum Gehäuse gehörende Einzelteile

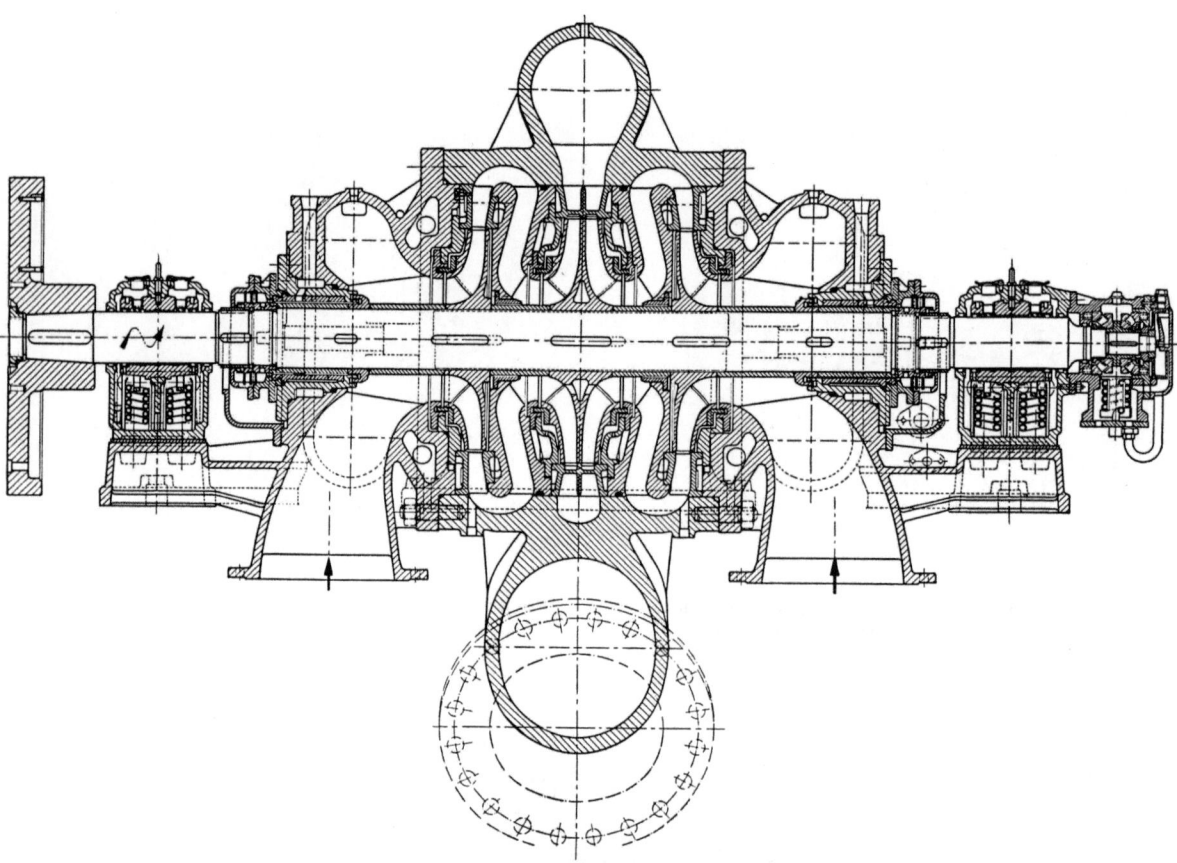

Abb. 6.1.6. Schnitt durch eine zweistufige doppelflutige **Kreiselpumpe mit in der Axialebene geteiltem Gehäuse**. Entgegen der üblichen Gepflogenheit sind in der Zeichnung die oberen und unteren Gehäuseteile gleichsinnig schraffiert. Die Stopfbüchsen haben keine Weichpackungen sondern metallische Einlageringe, die nach Labyrinthprinzip dichten. Fördermenge 870 l/s; Förderhöhe 254 m; Drehzahl 1500 U/min; Leistungsbedarf 3380 PS (Sulzer)

Abb. 6.1.6a. Ansicht und unten links Läufer der in Abb. 6.1.7 dargestellten Pumpe (Sulzer)

Abb. 6.1.6b. Die in Abb. 6.1.6 dargestellte Kreiselpumpe mit abgehobenem Gehäusedeckel (Sulzer)

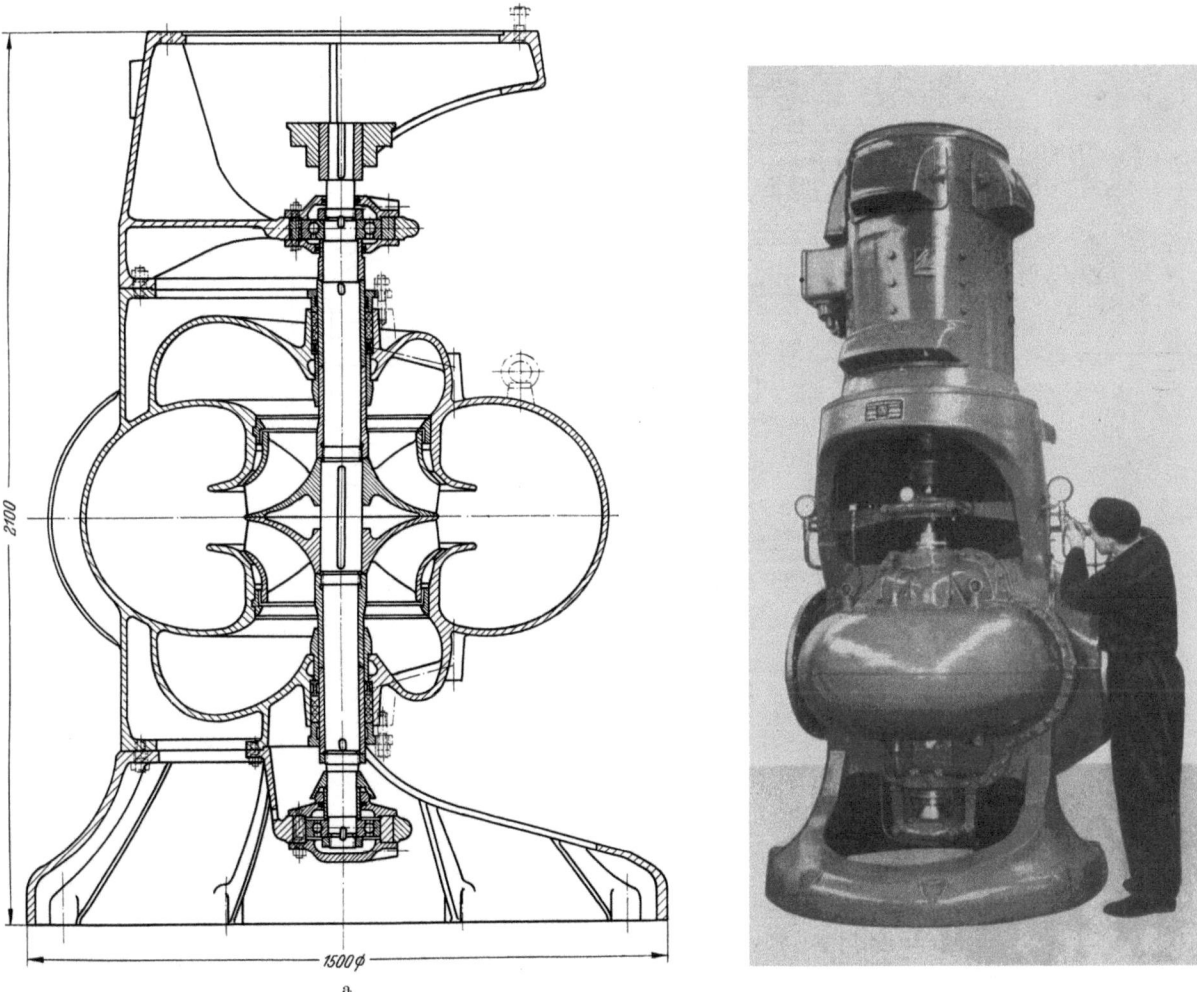

Abb. 6.1.7a u b. **Schiffskreiselpumpe** zur Kühlwasserförderung. Doppelflutige, vertikale Ständerpumpe **mit in der Axialebene geteiltem Gehäuse.** 2700 m³/h; Förderhöhe 8 m; 700 U/min. a) Schnittbild b) Ansicht mit angeflanschtem Elektromotor (Bestenbostel)

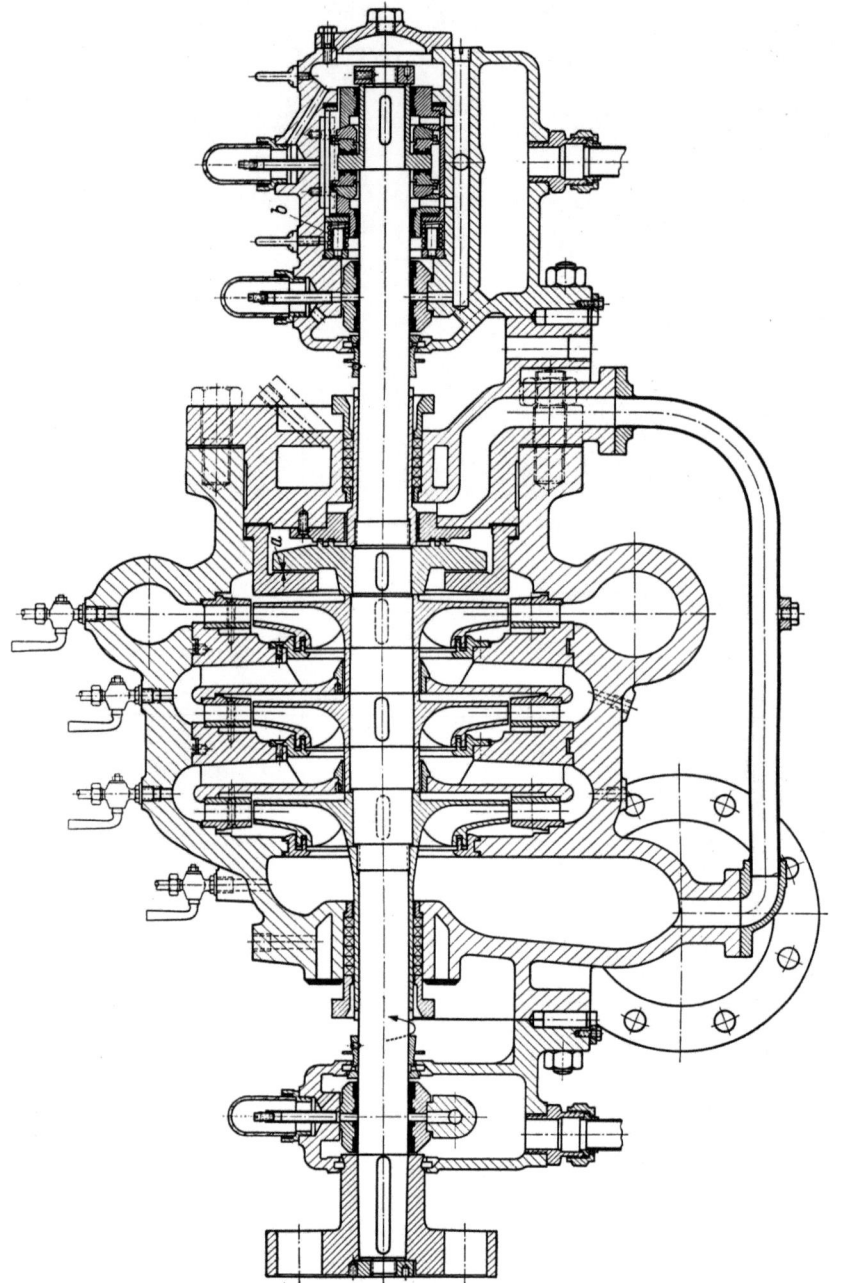

Abb. 6.1.8. 3stufige Kreiselpumpe, mit in der Axialebene geteiltem Gehäuse. Der Ausgleich des Achsschubes erfolgt über eine Ausgleichsscheibe mit veränderlicher Spaltweite a. Deshalb ist das im Bild rechts sichtbare Axiallager nicht fest, sondern elastisch über die Federn b gegen das Gehäuse abgestützt. (de Laval)

6.1 In der Axialebene geteilte Gehäuse

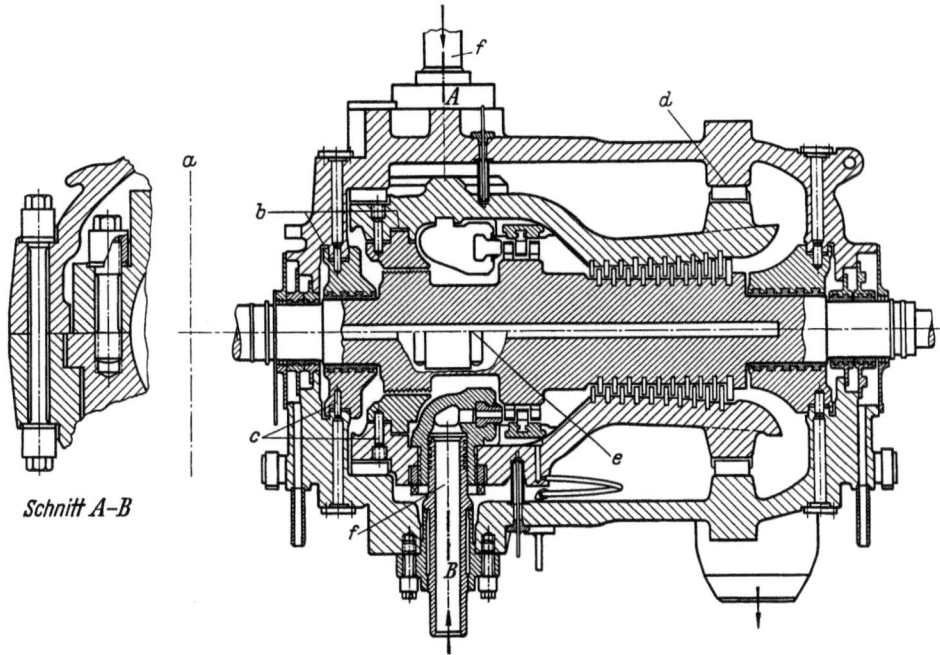

Abb. 6.1.9. **Doppelmantel-Hochdruck-Vorschaltdampfturbine.** Inneres und äußeres Gehäuse sind in der Axialebene geteilt. Zwischen innerem und äußerem Gehäuse herrscht der saugseitige Druck.
- *a* Mittellinie des Axiallagers zwischen dem äußeren Gehäuse und dem Läufer
- *b* Radiales Spiel von ca. 3 mm, um eine freie radiale Ausdehnung der Ringe im Gehäuse zu gewährleisten
- *c* Radiale Bolzen zur Führung der Ringe im Gehäuse
- *d* Vertikale und horizontale Gleitflächen
- *e* Axialer Festpunkt zwischen dem inneren und äußeren Gehäuse
- *f* Frischdampfzuführungen (vgl. Abb. 6.1.9a). Jede Frischdampfzuführung hat ihren eigenen Düsenkasten (Allis Chalmers)

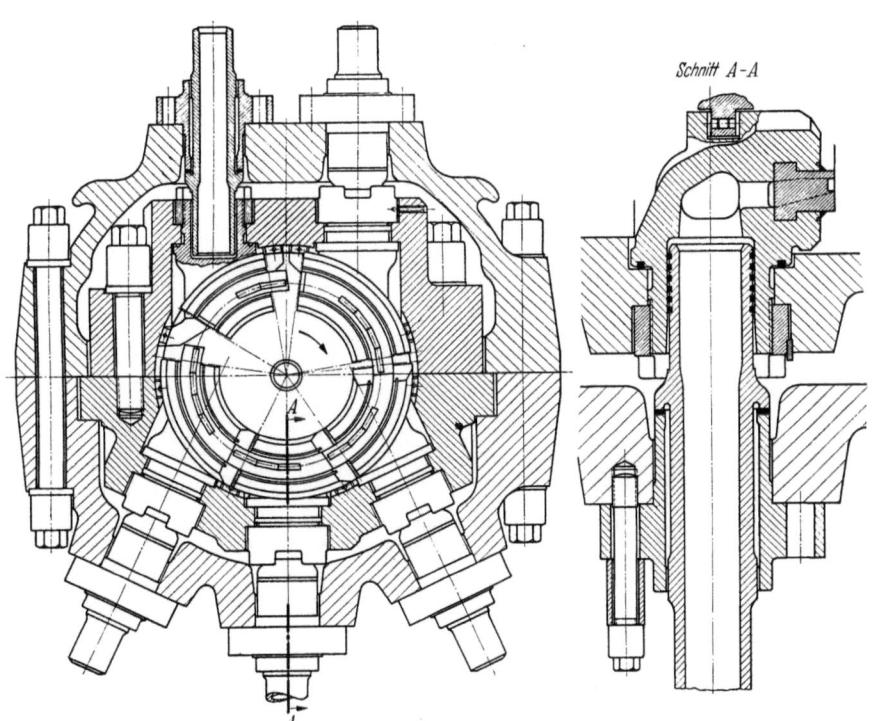

Abb. 6.1.9a Schnitt durch den Einströmteil der in Abb. 6.1.9 gezeigten Dampfturbine (Allis Chalmers)

48   6 Gehäusekonstruktionen und zum Gehäuse gehörende Einzelteile

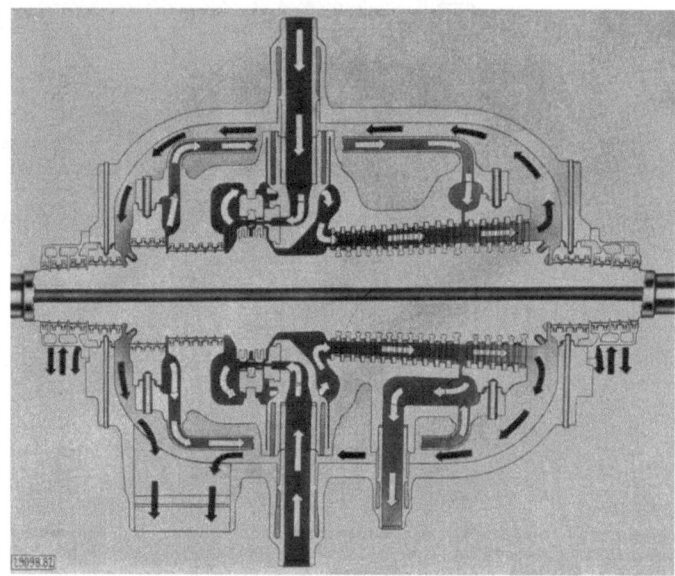

Abb. 6.1.10. **Hochdruckteil** einer Kondensationsdampfturbine mit eingezeichnetem Weg des Dampfes. Innen- und Außengehäuse sind in der Axialebene geteilt. Frischdampfzustand normal 165 at/593 °C. Dampfdruck Ende H.D.-Teil 35,1 at; Dampfdurchsatz 522 t/h; Drehzahl 3600 U/min; Leistung des H.D.-Teils ca. 57 MW, der gesamten Turbine ca. 185 MW (Westinghouse)

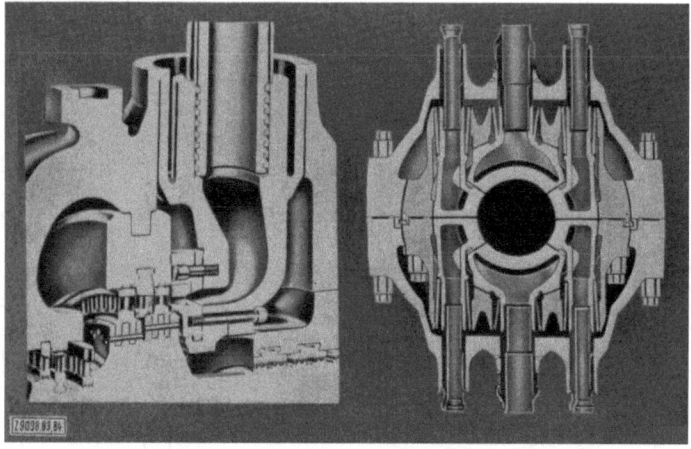

Abb. 6.1.10a. Schnittbilder der Dampfeinströmung einer Turbine ähnlich Abb. 6.1.10 (Westinghouse)

6.1 In der Axialebene geteilte Gehäuse

Abb. 6.1.11 bis 6.1.11f
s. S. 50/51

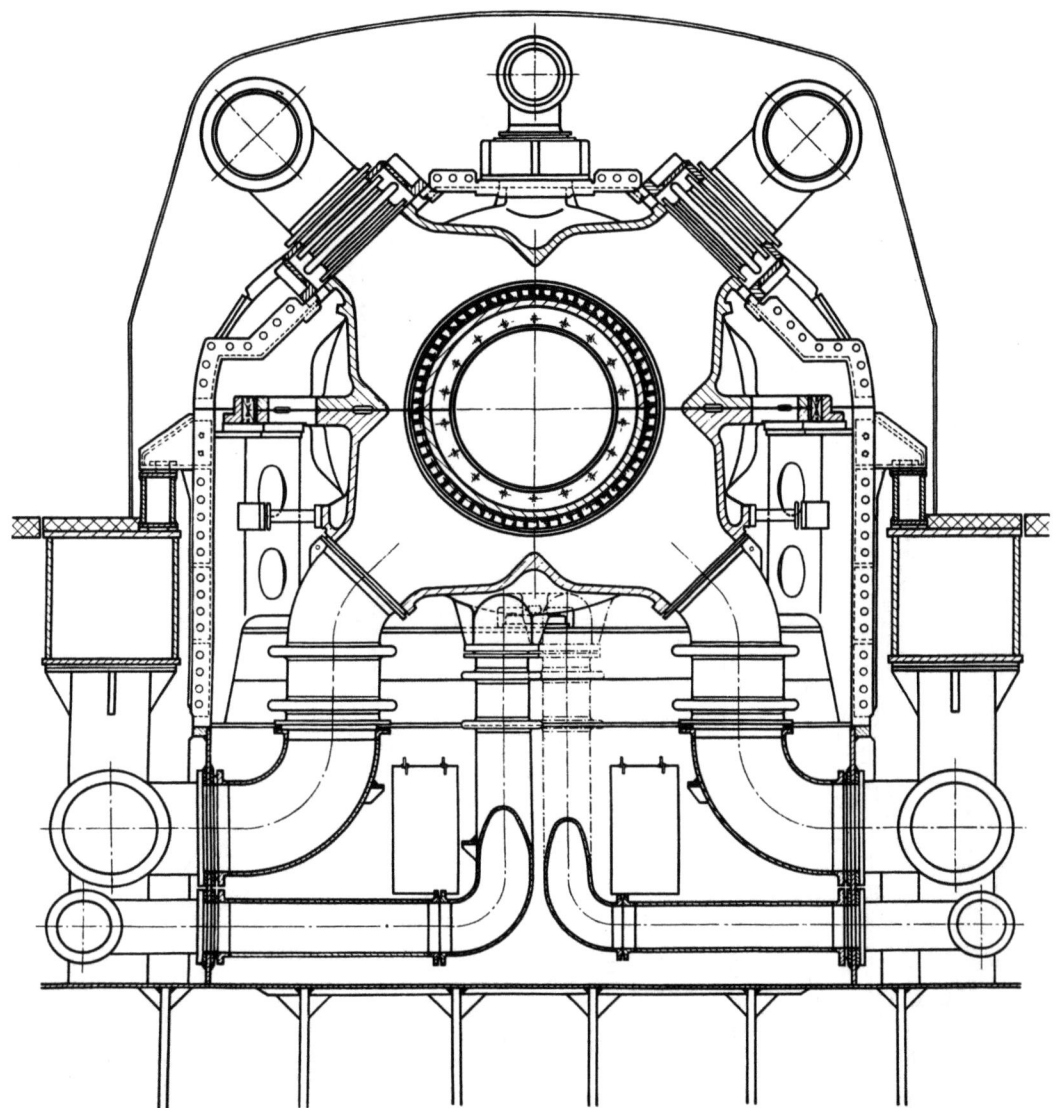

Abb. 6.1.11g. Querschnitt durch den Niederdruckteil der Dampfturbine nach Abb. 6.1.11 und 6.1.11a. Das gegossene Innengehäuse ist etwa in Teilfugenebene wärmebeweglich im geschweißten Außengehäuse gelagert und seitlich in der vertikalen Mittelachse durch Gleitfedern geführt. Die Dampfzuführung vom Mitteldruckteil erfolgt durch 4 Überströmrohre, deren Achsen in Ebenen liegen, die unter etwa 45° gegen die Teilfuge geneigt sind. In Abb. 6.1.11 sind daher nur je 2 oben und unten herausführende Entnahmeleitungen sichtbar. Diese Anordnung der Überströmrohre hat den Vorteil, daß im Niederdruck-Innengehäuse praktisch kein Ringraum zur Dampfzuführung erforderlich ist. Es genügen die in dieser Abbildung sichtbaren 4 kleeblattartig geformten Einströmteile, wodurch die Gehäusedimensionen klein ausfallen. (MAN)

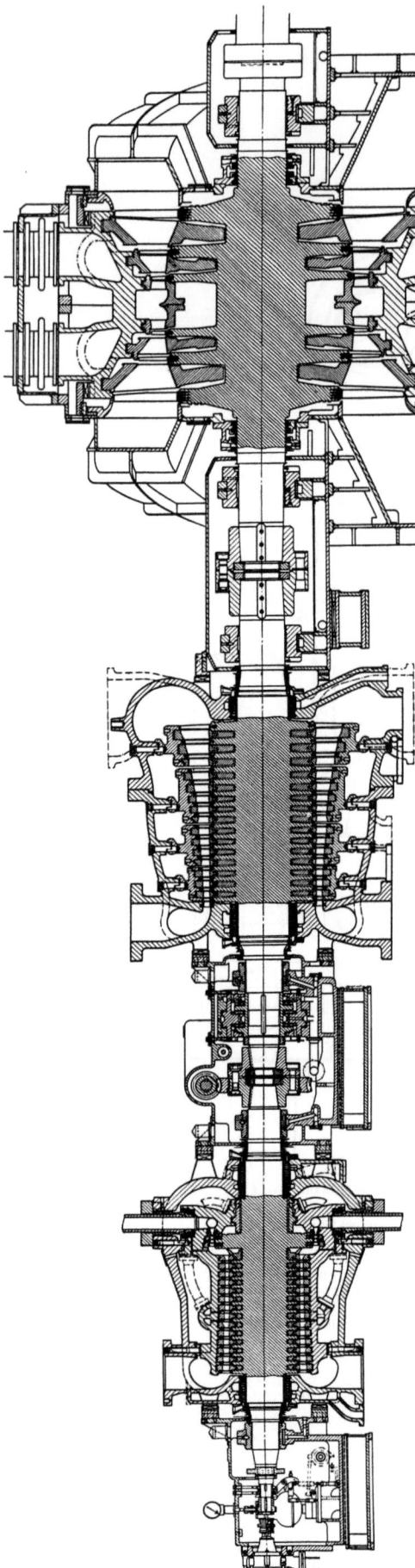

Abb. 6.1.11. 150 MW-Kondensationsdampfturbine mit Zwischenüberhitzung (Gehäuse in Axialebene geteilt). Frischdampfdruck 185/200 ata; Frischdampftemperatur 525/535 °C; Temperatur nach Zwischenüberhitzung 530/535 °C; Kühlwassertemperatur 21 °C (Abdampfdruck 0,055 ata); siebenstufige Speisewasservorwärmung auf 240 °C; Drehzahl 3000 U/min; Einströmung im H.D. Teil sternförmig; Abströmung aus H.D. Teil je 1mal oben und unten. Eine Modellaufnahme dieser Turbine zeigt Abb. 6.1.11a, während Einzelteile in Abb. 6.1.11b bis g dargestellt sind. Gegen das Fundament sind die Gehäuse im Niederdruckteil (Mitte Kondensator) fixiert. Vom Fixpunkt aus schieben sich die Gehäuse bei Erwärmung mittels ihrer Pratzen, Querkeile und Lagerböcke nach vorn. Die Verschiebung am vorderen Lagerbock (Abb. 6.1.11 f) beträgt ca. 25 mm. (MAN)

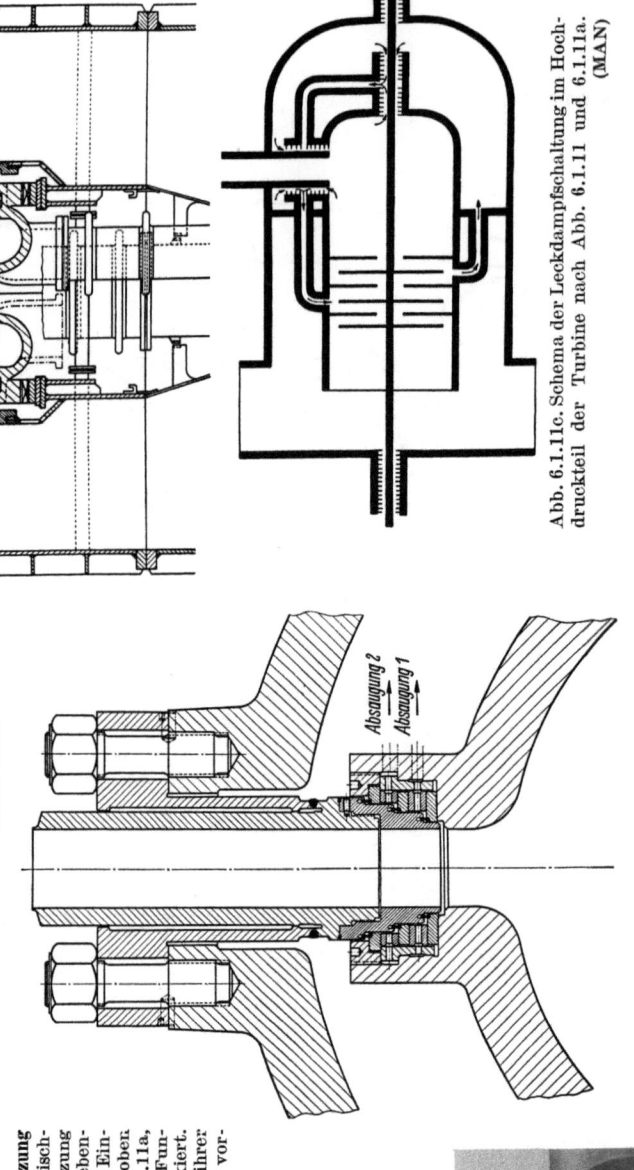

Abb. 6.1.11c. Schema der Leckdampfschaltung im Hochdruckteil der Turbine nach Abb. 6.1.11 und 6.1.11a. (MAN)

Abb. 6.1.11b. Frischdampf-Rohrdurchführung im Hochdruckteil der Dampfturbine nach Abb. 6.1.11 und 6.1.11a. Insgesamt sind 6 dieser Frischdampf-Rohrdurchführungen sternförmig angeordnet. Im Leerlauf und im unteren Lastbereich öffnen die ersten beiden Regelventile, die das jeweils mittlere Düsensegment oben und unten beaufschlagen, gleichzeitig, wodurch eine gleichmäßige Erwärmung erzielt werden soll. Diese Rohrdurchführungen haben Relativbewegungen in Richtung der Rohrachsen und in Richtung der Turbinenachse zwischen Innen- und Außengehäuse aufzunehmen. Prinzipiell kann das Rohr mit dem Außengehäuse oder mit dem Innengehäuse fest verbunden sein. Die hier gewählte feste Verbindung mit dem Außengehäuse hat den Vorteil, daß das Rohr auf das Innengehäuse keine nennenswerten Kräfte ausüben kann. Nachteilig ist hier allerdings, daß die am Innengehäuse abzudichtende Druckdifferenz erheblich größer als am Außengehäuse ist. Die Abdichtung erfolgt durch Knorpelringe. Zwischen den Knorpelringen befinden sich Absaugungen, von denen die erste in die Radkammer der Regelstufe und die zweite zur 9. Stufe geht. (MAN)

Abb. 6.1.11a. Modellaufnahme der Turbine nach Abb. 6.1.11 (MAN)

6.1 In der Axialebene geteilte Gehäuse

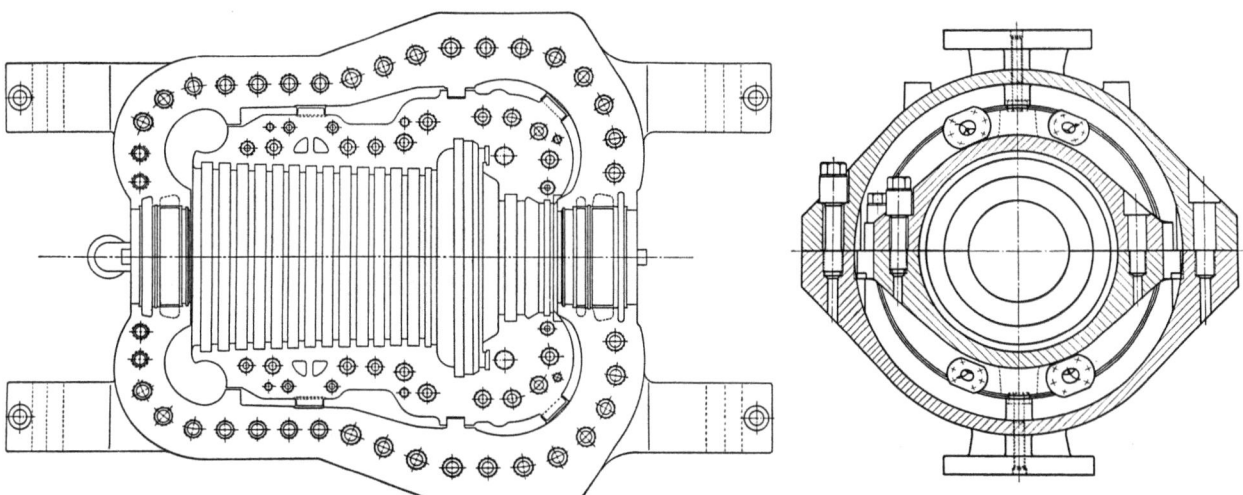

6.1.11d u. e. Gehäuse des H. D.-Teils der Turbine nach Abb. 6.1.11 und 6.1.11a. Das Innengehäuse ist an vier Stellen knapp unter der Teilfugenebene im Außengehäuse beweglich aufgelegt. Die seitliche Fixierung geschieht durch je zwei Radialbolzen oben und unten. Die hinteren Radialbolzen führen Gleitfedern, in denen das sich axial dehnende Innengehäuse frei schiebt. Die axiale Fixierung des Innengehäuses im Außengehäuse wird durch eine Ringnut in unmittelbarer Nähe der Frischdampfeinströmungen erreicht. Hier befinden sich auch die vorderen Radialbolzen zur seitlichen Fixierung. Die Ringverbindung dichtet außerdem den vorderen gegen den hinteren Raum zwischen Innen- und Außengehäuse ab, da in diesen Räumen verschiedene und zwar folgende Dampfzustände herrschen:

Vorderer Raum. In den vorderen Raum wird mittels elastisch zwischen Innen- und Außengehäuse verlegter Rohrleitungen Dampf aus der Stufe 8 eingeführt. Wie in Abb. 6.1.11c skizziert strömt dieser Dampf als Leckdampf durch die Abdichtungen zwischen innerem Gehäuse und Welle und innerem Gehäuse und Frischdampf-Rohrdurchführung über eine elastische Rohrleitung zur 9. Stufe. So wird eine Aufheizung des Außengehäuses durch Leckdampf vermieden. Die Teildampfmenge, die ein Stufengefälle umgeht ist zwar klein aber so groß, daß nach Vermischung mit dem Leckdampf hoher Temperatur keine unzulässige Aufheizung des Innengehäuses in der Gegend der 9. Stufe auftritt.

Hinterer Raum. Der hintere Raum steht mit dem Hochdruck-Abdampfstutzen (kalte Zwischenüberhitzerleitung) in Verbindung. Im Unter- und Oberteil des Außengehäuses befindet sich je ein Rohranschluß zum vorderen Teil des hinteren Raumes. Zum Vorwärmen wird nach einem Vorschlag Röders durch diese Rohranschlüsse unten Fremddampf geeigneter Temperatur eingeführt und oben zum Kondensator abgeleitet. So können beim Anfahren die Axialspiele rasch eingestellt werden. Im Betrieb wird dann Dampf aus dem Hochdruck-Abdampfraum zwischen Außen- und Innengehäuse hindurchgesaugt und über die beiden Rohranschlüsse unter Umgehung der Zwischenüberhitzung vor dem Mitteldruckteil in die heiße Zwischenüberhitzerleitung eingeführt. Dadurch kann sich in dem hinteren Raum zwischen Außen- und Innengehäuse kein stagnierendes Dampfpolster bilden, das — durch das Innengehäuse aufgeheizt — höhere und außerdem oben und unten verschiedene Temperaturen annehmen würde. Diese Kühldampfmenge und somit die Geschwindigkeit des Kühldampfes müssen gering gehalten werden, da das Innengehäuse außen nicht isoliert ist und trotzdem nur ein geringer Wärmeübergang zulässig ist. Rechnerisch ergibt sich hier eine Differenz der Wandtemperatur von ca. 35 °C, wodurch nur geringe Wärmespannungen (innen Druck-, außen Zugspannung) verursacht werden. Bei dem isolierten Außengehäuse ist eine Differenz der Wandtemperaturen von ca. 10 °C zu erwarten, wodurch keine bedeutenden Wärmespannungen auftreten können. Das Außengehäuse ist spritzisoliert, wobei die Isolierdicke im Unterteil stärker als am Oberteil gehalten ist. Diese ungleiche Isolierung bewirkt nach dem Abstellen der Maschine eine gleichmäßige Abkühlung. Am Unterteil des Außengehäuses sind 4 gekröpfte Pratzen angegossen. Mit ihnen liegt das Gehäuse in Teilfugenebene an den Lappen der Lagerböcke (vgl. Abb. 6.1.11f) auf. Die Verbindung wird hergestellt durch Querkeile, die eine seitliche Verschiebung der Gehäusepratzen infolge Wärmedehnung des Gehäuses zulassen. Das Gehäuse ist gegen seitliche Verlagerung an den Lagerböcken mittels oben und unten angebrachter Nasen geführt. (MAN)

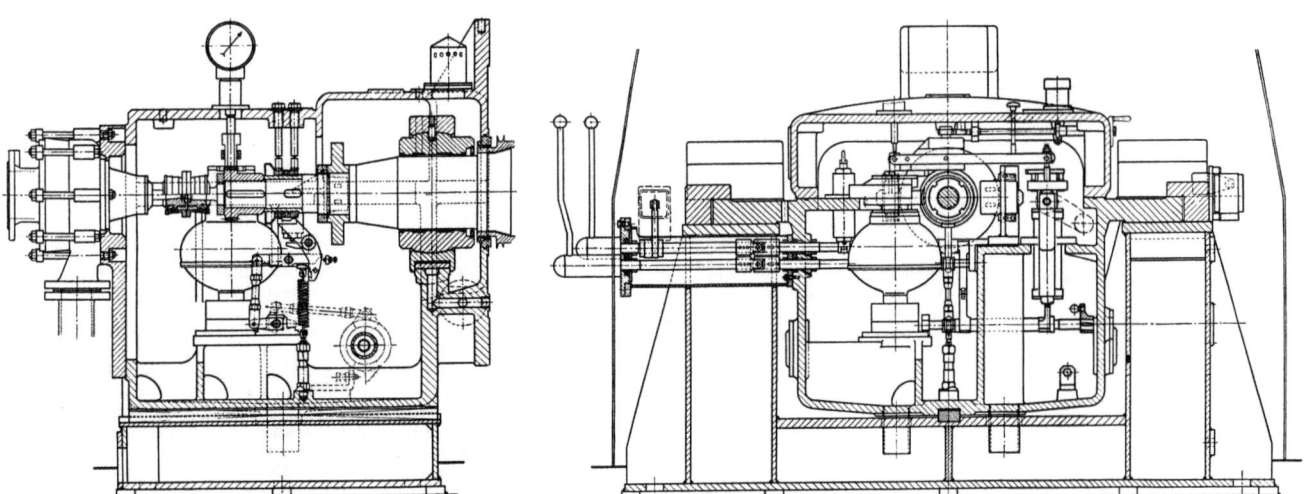

Abb. 6.1.11f. Vorderer Lagerbock der Dampfturbine nach Abb. 6.1.11 und 6.1.11a. Der Lagerbock ist an seitlich angegossenen Lappen so aufgehängt, daß er bei Wärmedehnungen des Turbinengehäuses auf einer Ebene gleitet, die nur wenig unter der Teilfugenebene liegt. So wird ein Kippen des Lagerbocks vermieden. Auf der Vorderseite des Lagerbocks ist eine Kreiselpumpe als Hauptölpumpe angeflanscht. (MAN)

6.2 Gehäuse in Ring- oder Topfbauweise

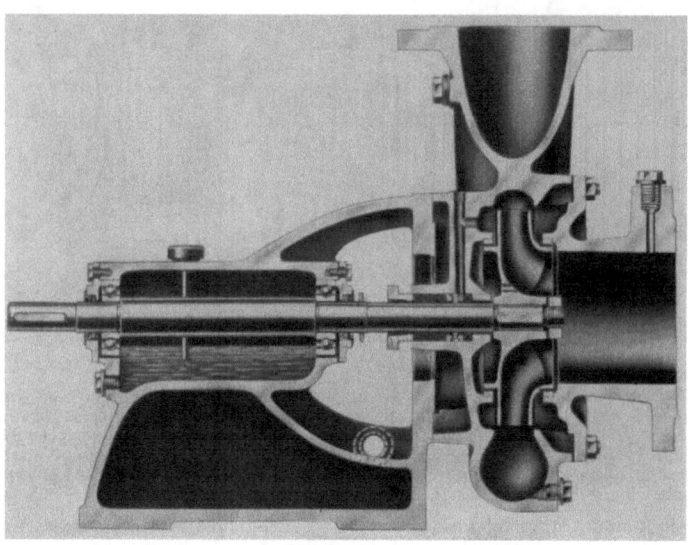

Abb. 6.2.1. **Kreiselpumpe in Ringbauweise.** Das Laufrad ist links in Abb. 1.1.1 dargestellt. (KSB)

Abb. 6.2.1a. **Kreiselpumpe (Ringbauweise) mit Elektromotor.** (Einen Querschnitt dieser Pumpe zeigt Abb. 6.2.1). Strömungsmaschinen, die keinen nennenswerten Temperaturschwankungen unterworfen sind, werden fest mit der Grundplatte verschraubt. (KSB)

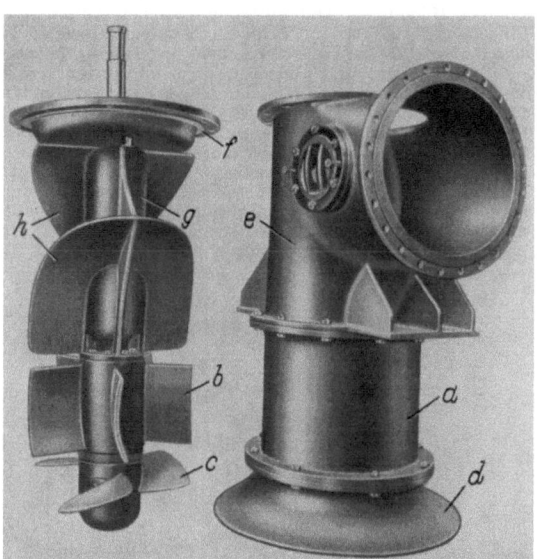

Abb. 6.2.2. **Einstufige Propellerpumpe in Ringbauweise.** Das Gehäuse ist ein kurzes Rohrstück a. Die Leitschaufeln b sitzen auf einer Nabe, die gleichzeitig das untere Lager des Läufers c aufnimmt. An das Gehäuse angeflanscht sind saugseitig die Saugglocke d, druckseitig der Druckkrümmer e. An diesem wird der Druckdeckel f befestigt. Druckdeckel und Leitschaufelkranz b sind durch das Aufhängerohr g fest miteinander verbunden. Dadurch ist es möglich — nach Lösen der Befestigungsschrauben am Druckdeckel — den links dargestellten gesamten inneren Einbau ohne Abbau von Rohrleitungen nach oben herauszuziehen. Die Umlenkschaufeln h vermindern die Umlenkverluste des Krümmers. Die Pumpe wird so aufgestellt, daß das Laufrad c im Unterwasser liegt. Bei größeren Einbautiefen werden zwischen Gehäuse a und Krümmer e Steigrohre — wenn nötig mit Zwischenlagern — eingebaut. (Bestenbostel)

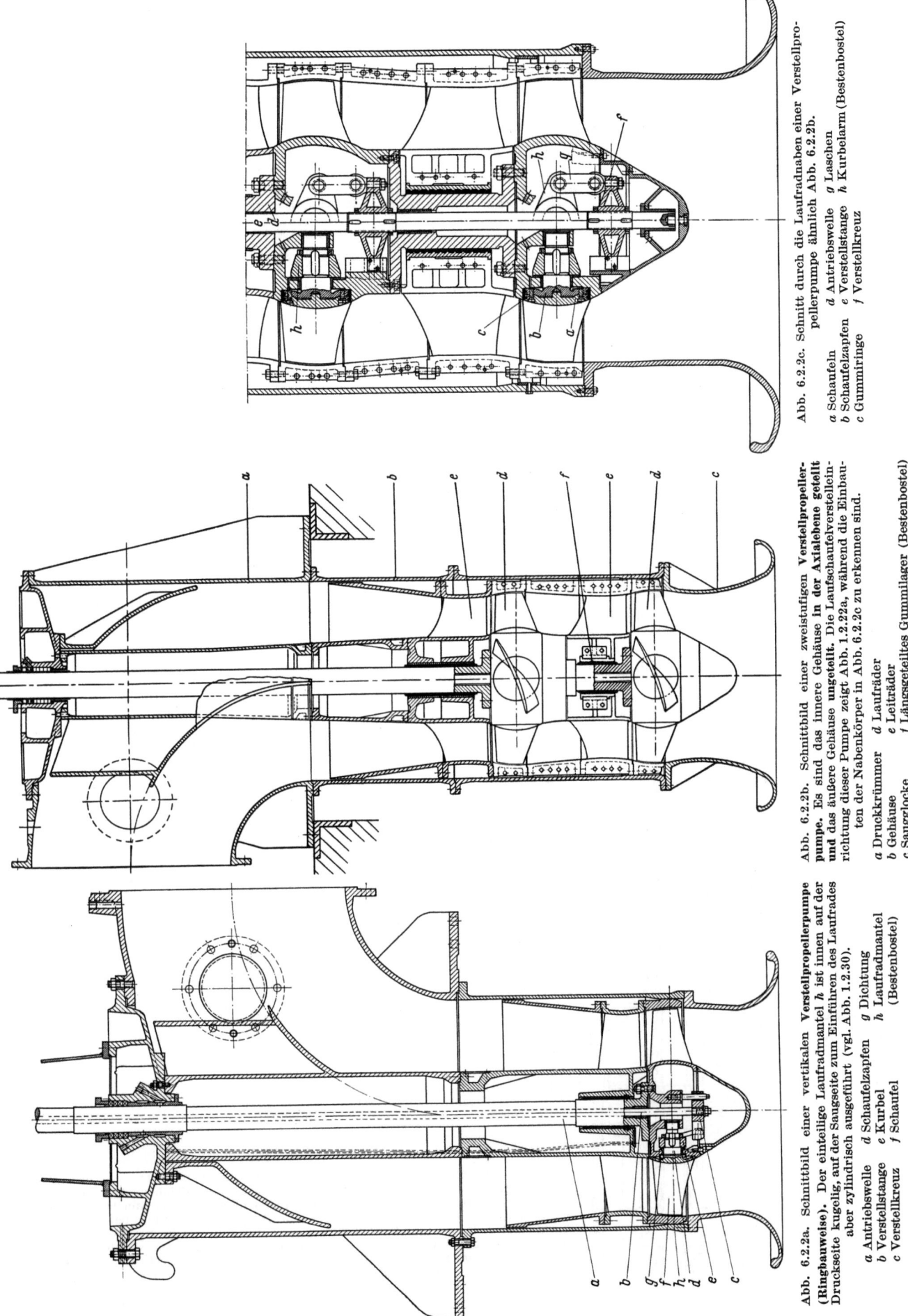

Abb. 6.2.2a. Schnittbild einer vertikalen Verstellpropellerpumpe (Ringbauweise). Der einteilige Laufradmantel h ist innen auf der Druckseite kugelig, auf der Saugseite zum Einführen des Laufrades aber zylindrisch ausgeführt (vgl. Abb. 1.2.30).

a Antriebswelle   d Schaufelzapfen   g Dichtung
b Verstellstange e Kurbel   h Laufradmantel
c Verstellkreuz   f Schaufel   (Bestenbostel)

Abb. 6.2.2b. Schnittbild einer zweistufigen Verstellpropellerpumpe. Es sind das innere Gehäuse in der Axialebene geteilt und das äußere Gehäuse ungeteilt. Die Laufschaufelverstelleinrichtung dieser Pumpe zeigt Abb. 1.2.22a, während die Einbauten der Nabenkörper in Abb. 6.2.2c zu erkennen sind.

a Druckkrümmer   d Laufräder
b Gehäuse   e Leiträder
c Saugglocke   f Längsgeteiltes Gummilager (Bestenbostel)

Abb. 6.2.2c. Schnitt durch die Laufradnaben einer Verstellpropellerpumpe ähnlich Abb. 6.2.2b.

a Schaufeln   d Antriebswelle   g Laschen
b Schaufelzapfen e Verstellstange h Kurbelarm (Bestenbostel)
c Gummiringe   f Verstellkreuz

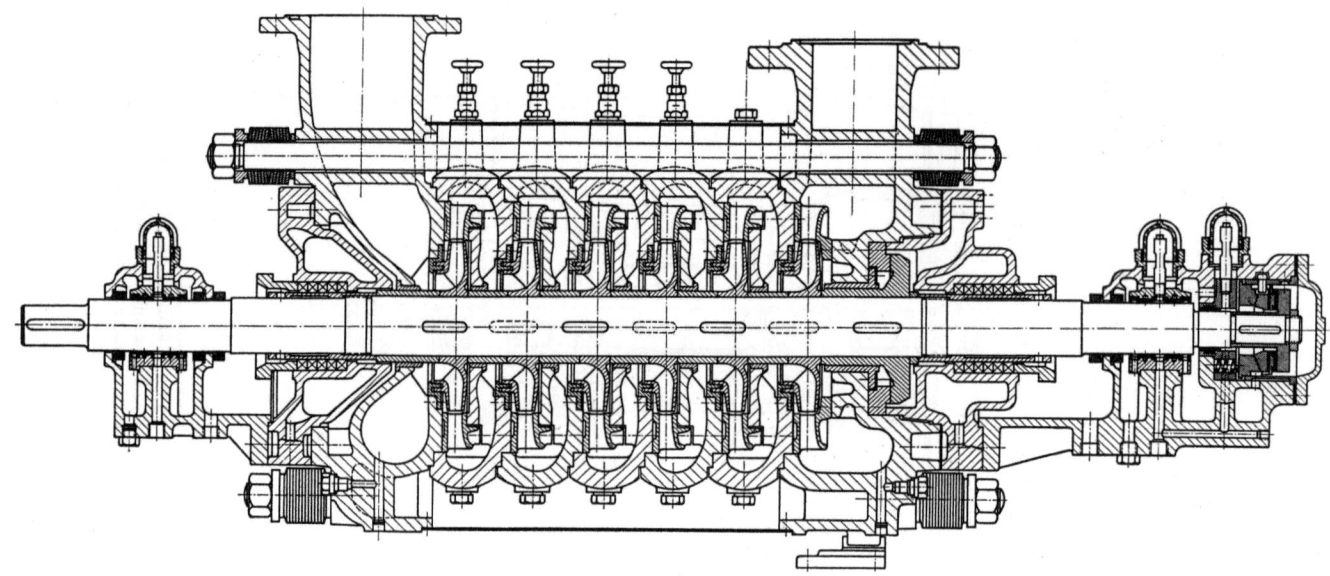

Abb. 6.2.3. **Kesselspeisepumpe als Gliederpumpe** (Ringbauweisen). Wegen der Wärmedehnungen sind die Zuganker über Tellerfedern abgestützt. Der Ausgleich des Achsschubes erfolgt über eine Ausgleichsscheibe (vgl. Abb. 4.1), weshalb das Spurlager nicht starr sondern elastisch über Schraubenfedern mit dem Gehäuse verbunden ist. (de Laval)

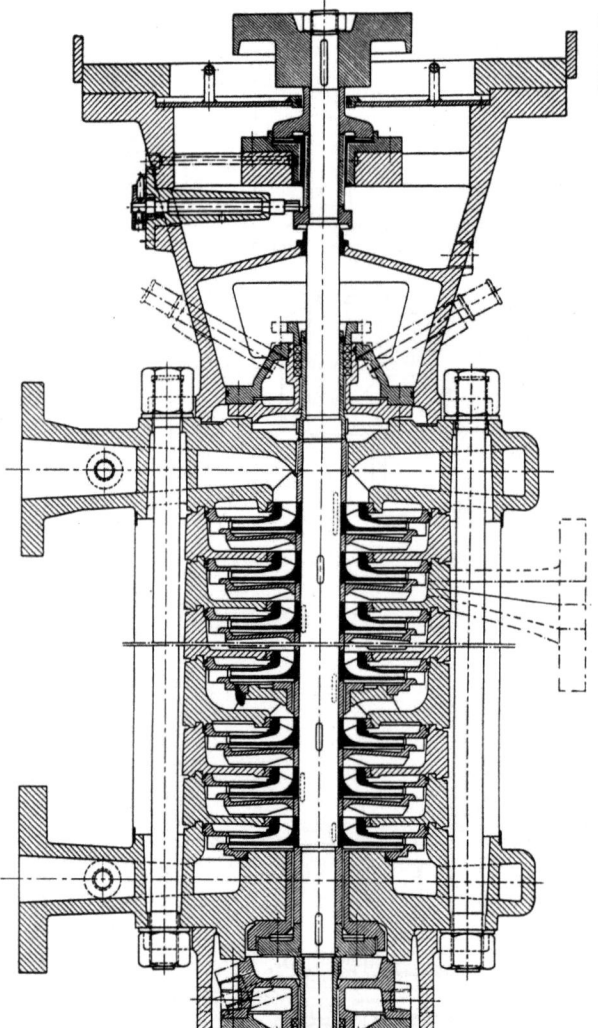

Abb. 6.2.4. 25stufige **Kesselspeisepumpe** senkrechter Anordnung als **Gliederpumpe** (Ringbauweise). Die metallisch dichtenden Anlageflächen der Stufengehäuse werden durch starke Zuganker aufeinandergepreßt. Das Spurlager in der oberen Laterne dient zur Aufnahme des Eigengewichts des Läufers bei Stillstand. Im Betrieb hebt sich der Läufer durch den Achsschub etwas an und die unten eingebaute Entlastungsscheibe (vgl. Abb. 4.1) nimmt den Achsschub auf. Ein Teil des Förderstroms kann nach der 2. Stufe an dem strichpunktiert gezeichneten Stutzen entnommen werden. Vgl. zu dieser Konstruktion Abb. 6.2.15. (KSB)

6.2 Gehäuse in Ring- oder Topfbauweise

Abb. 6.2.5. **Kreiselpumpe** für chemisch angreifende Flüssigkeiten **(Ringbauweise)**.
Das Schnittbild zeigt Abb. 6.2.5a. (AMAG-HILPERT)

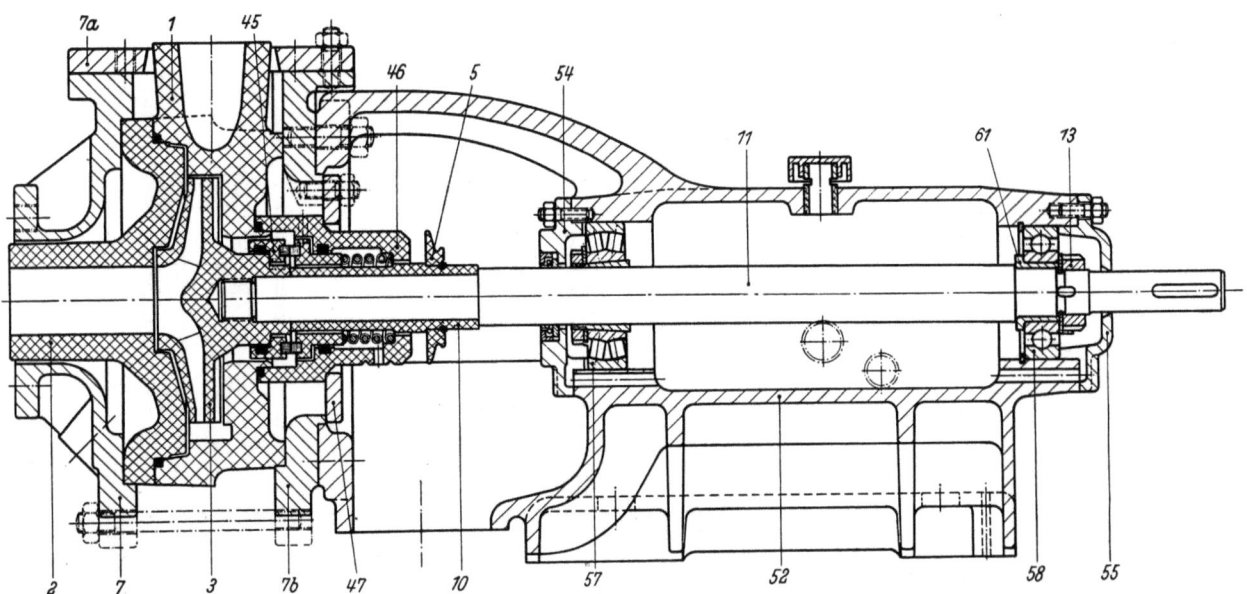

Abb. 6.2.5a. Schnitt durch die in Abb. 6.2.5 dargestellte Pumpe. Laufrad, innere Gehäuseteile, Wellenschutzhülse und Gleitringdichtung bestehen aus Kunststoff (Bascodur). Die Dichtungselemente sind aus der Förderflüssigkeit angepaßten Werkstoffen hergestellt. Die Welle besteht aus SM-Stahl oder legiertem Stahl, die Schutzflanschen und der Lagerstuhl aus Grauguß GG 26. Die Wanne des Lagerstuhls ist mit einer korrosionsbeständigen Auskleidung versehen.

- 1 Gehäuse
- 2 Saugdeckel
- 3 Laufrad
- 5 Spritzring
- 7, 7a, 7b Schutzflansch
- 10 Wellenschutzhülse
- 11 Welle
- 13 Wellenmutter
- 45 Gleitringdichtung
- 46 Dichtungsgehäuse
- 47 Haltering
- 52 Lagerstuhl
- 54, 55 Lagerdeckel
- 57 Pendelrollenlager
- 58 Rillenkugellager
- 61 Kugellagerbuchse (AMAG-HILPERT)

6 Gehäusekonstruktionen und zum Gehäuse gehörende Einzelteile

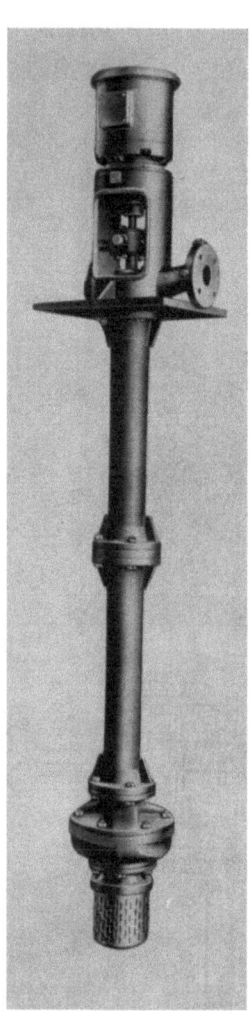

Abb. 6.2.6. Ansicht einer einstufigen **Bohrlochpumpe** (**Ringbauweise**) mit aufgesetztem Elektromotor. Den Querschnitt der Pumpe zeigt Abb. 6.2.6a.
(AMAG-HILPERT)

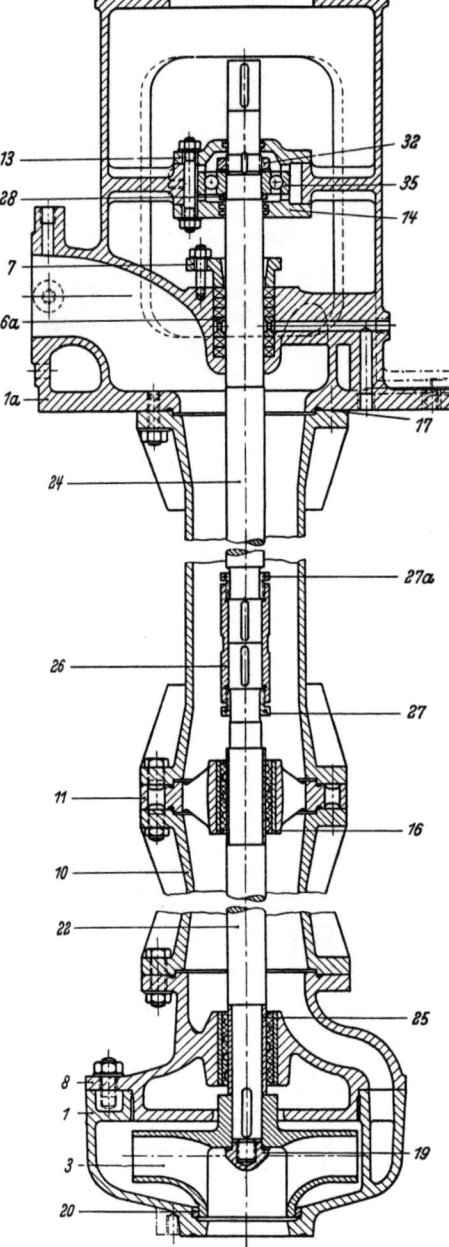

Abb. 6.2.6a. Querschnitt der in Abb. 6.2.6 dargestellten Bohrlochpumpe.

   1 Pumpengehäuse
 1a Motorlaterne
   3 Pumpenlaufrad
 6a Sperrkammerring
   7 Stopfbüchsbrille
   8 druckseitiger Gehäusedeckel
 10 Aufhängerohr
 11 Führungslager
 13 Lagerabschlußdeckel
 14 Lagerdeckel
 16 Lagerbuchse
 17 Rundgummidichtung
 19 Laufradmutter
 20 Dichtungsring
 22 Pumpenwelle
 24 Antriebswelle
 25 Wellenschutzhülse
 26 Kupplungshülse
 27 u. 27a Kupplungsmutter
 28 Paßscheibe
 32 Wellenmutter
 35 Rillenkugellager (AMAG-HILPERT)

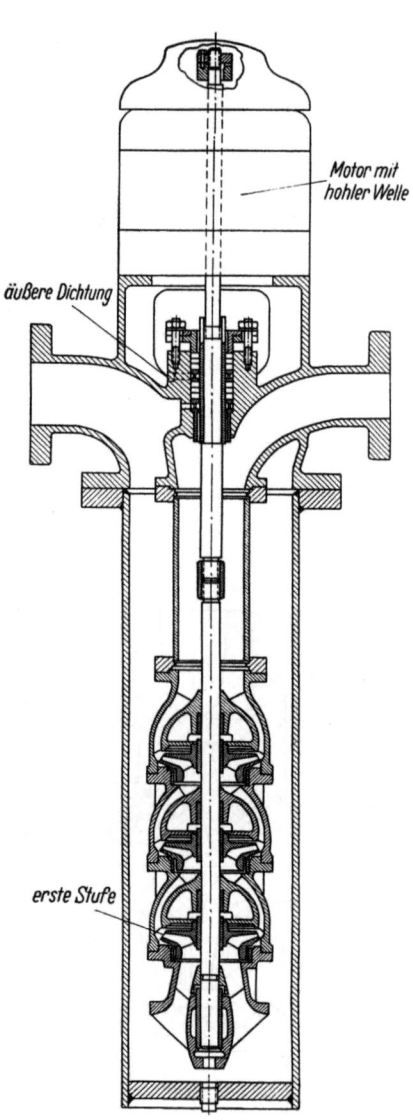

Abb. 6.2.7. **Mehrstufige vertikale Kondensatpumpe in Ringbauweise.** Die Pumpe hängt in einem Rohr, das lang genug ist, um ein kavitationsfreies Arbeiten zu gewährleisten. Gefördert wird Erdöldestillat bei hoher Temperatur. (Ingersoll-Rand)

6.2 Gehäuse in Ring- oder Topfbauweise

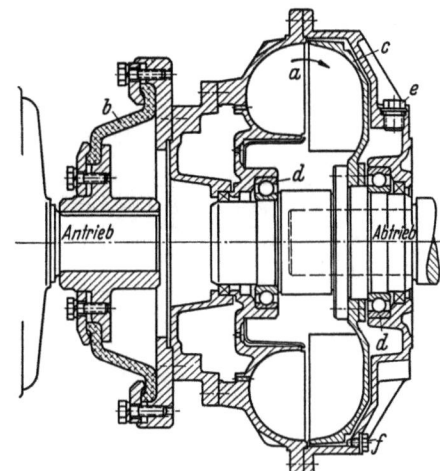

Abb. 6.2.8. **Strömungs-Kupplung (Ringbauweise).** Das Pumpenrad a ist über die elastische Kupplung b mit dem Motorwellenstumpf verbunden. Ein mit a verbundenes Gehäuse umschließt schalenartig das Turbinenrad c auf dem anzutreibenden Wellenende und dichtet so die Kupplung nach außen hin ab. Das Füllen der Kupplung mit dünnflüssigem Mineralöl geschieht über die Einfüllschraube e. Die Ölmenge richtet sich nach dem zu übertragenden Drehmoment. Die Schmelzsicherungsschraube f macht eine unzulässige Erwärmung der Kupplung unmöglich. Schmilzt deren Sicherungsstopfen durch, entleert sich die Kupplung. (Voith)

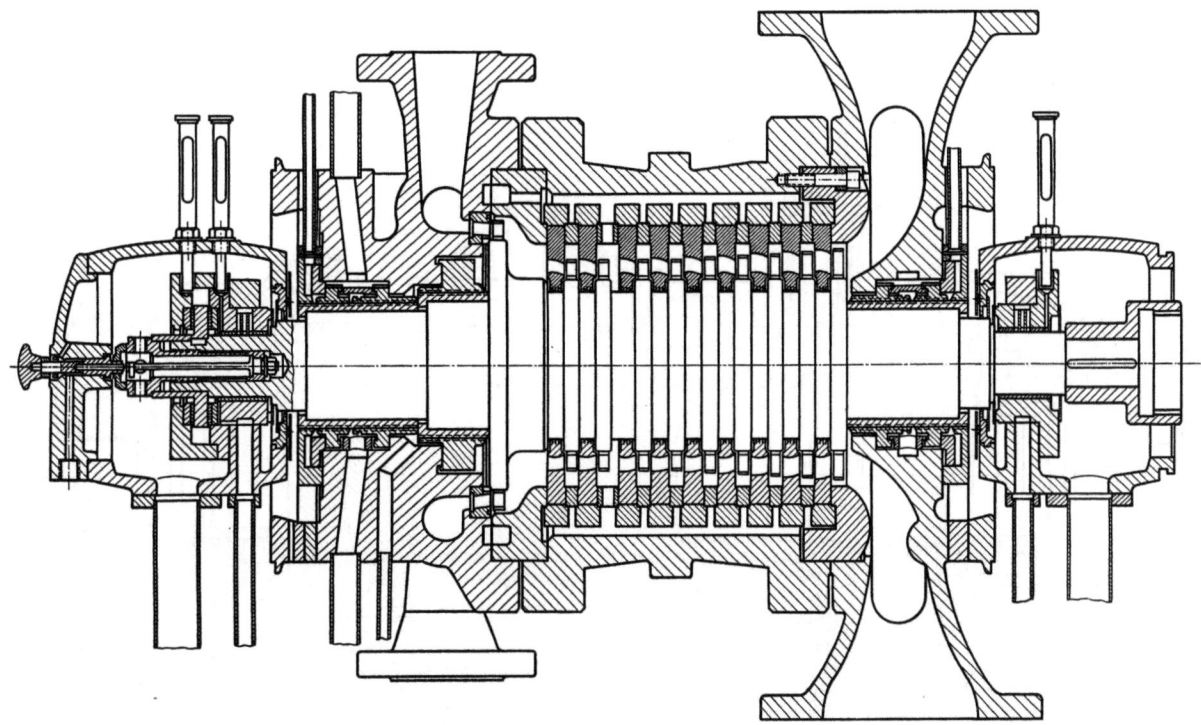

Abb. 6.2.9. **Gegendruck-Dampfturbine in Topfbauweise.** Leistung 1250 kW. Das Gehäuse ist nicht in der Axialebene geteilt. Die zweiteiligen Leiträder werden durch Schrumpfringe zusammengehalten. Sie bilden zusammen mit einteiligen Zwischenringen einen zentrisch gehaltenen, allseitig von Dampf umspülten Zylinder und werden axial durch den Dampfdruck aufeinandergepreßt. Zwischen dem äußeren Zylinder und den Einbauten herrscht ebenso wie bei den Kesselspeisepumpen der Abb. 6.2.14 und 6.2.15 ein hoher Druck, wodurch an den Dichtflächen der Leiträder mit geringerer Flächenpressung (d. h. an den Leiträdern der ersten Stufen) auch nur eine geringe Druckdifferenz abzudichten ist. Die Unterschiede in der Wärmedehnung zwischen Leitradzylinder und Gehäusezwischenstück in Längsrichtung werden durch federnde Halteringe ausgeglichen. (KKK)

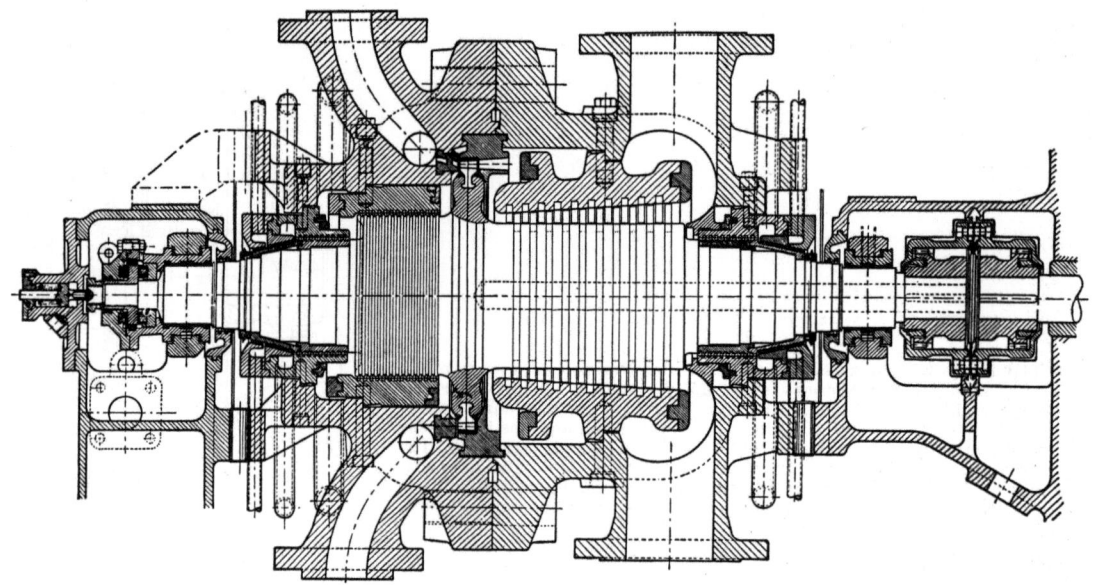

Abb. 6.2.10. Schnitt durch eine **Gegendruckdampfturbine mit Topfgehäuse** (Schaufelträger nach RÖDER). Bemerkenswert ist der Diffusor hinter der Regelstufe. Der zweiteilige Leitschaufelträger und die zweiteiligen Ringe der Labyrinthdichtungen sind entgegen der üblichen Geflogenheit des Maschinenzeichnens im Ober- und Unterteil gleichsinnig schraffiert. (Steinwerder)

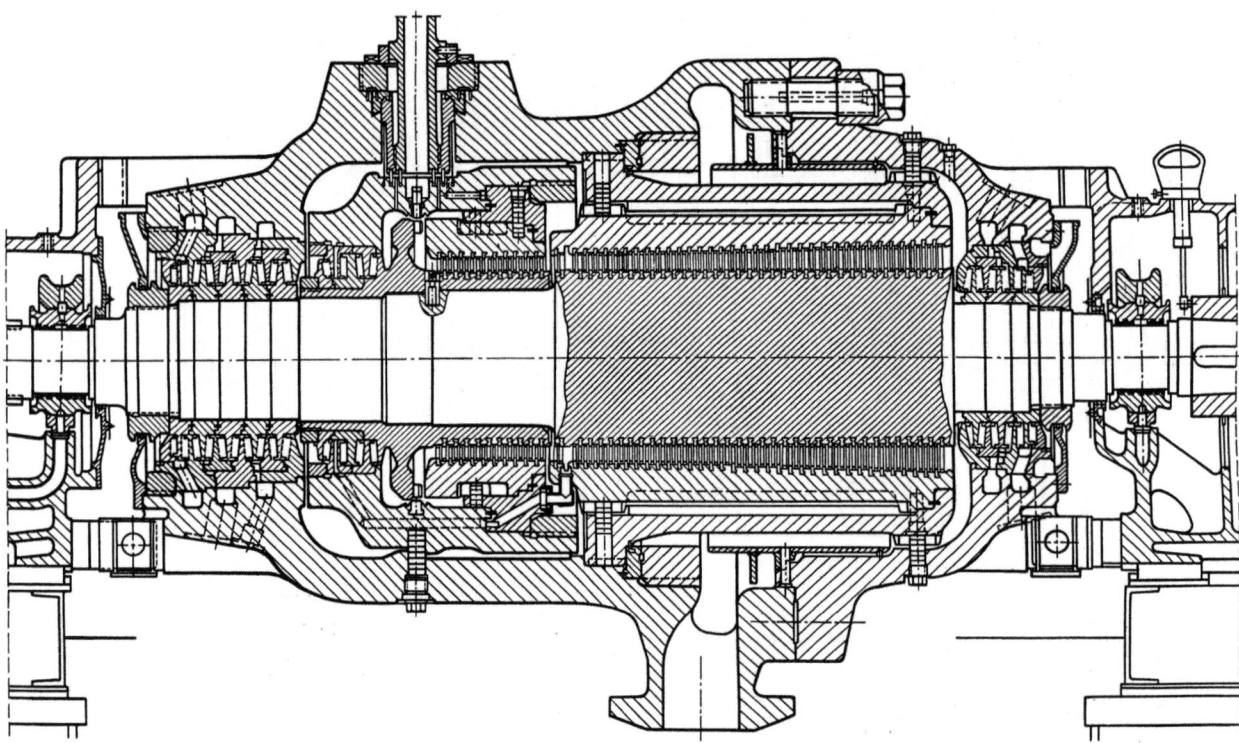

Abb. 6.2.11. **Hochdruck-Dampfturbine mit Topfgehäuse.** Frischdampfzustand 150/160 atü bei 620/625 °C. Der Abdampfdeckel wird durch Schraubenbolzen gehalten. (SSW)

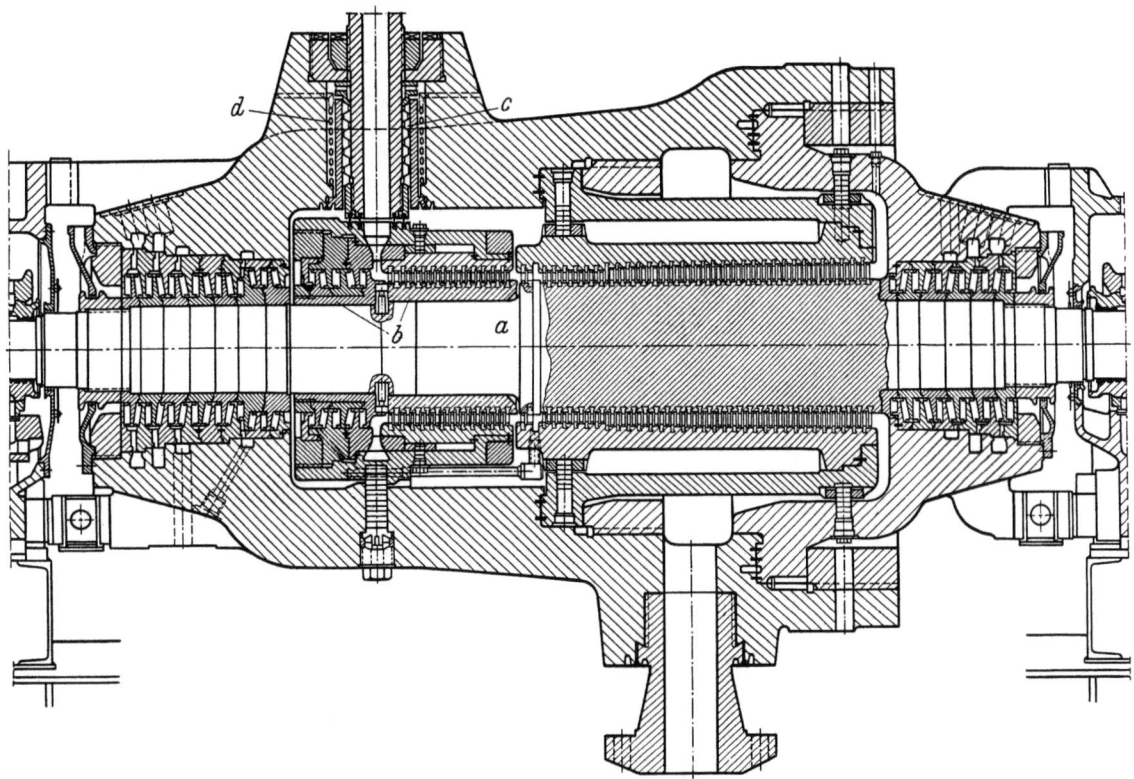

Abb. 6.2.12. **Höchstdruck-Dampfturbine mit Topfgehäuse.** Frischdampfzustand 300/325 atü bei 600/625 °C. Die Leitschaufelträger sind durch Radialbolzen wärmeelastisch in dem Topfgehäuse eingesetzt. Der Abdampfdeckel ist mit dem Topf durch einen Gewindering verbunden. Auf der ferritischen Welle a ist mittels radial auf dem Umfang angeordneter Bolzen die Wellenbuchse b aus austenitischem Stahl wärmebeweglich aufgesetzt. Diese Buchse trägt auf der rechten Seite die Hochdruck-Laufschaufeln und links austenitische Labyrinthdichtungsringe. Die Frischdampfzuführung ist mit konischen Dichtungsringen c abgedichtet und mittels der Kühlschlange d gekühlt. (SSW)

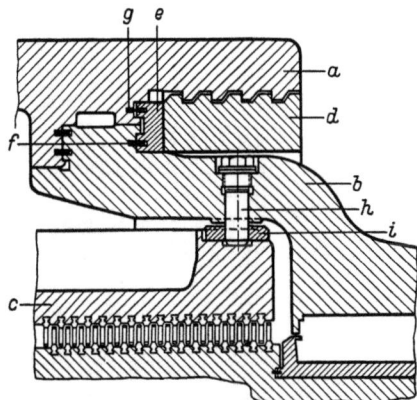

Abb. 6.2.12a. **Verbindung von Topfgehäuse und Abdampfdeckel** einer Höchstdruck-Dampfturbine mittels eines steilgängigen Gewinderinges.

- a Topfgehäuse
- b Abdampfdeckel
- c Leitschaufelträger
- d Gewindering
- e Druckring
- f, g Dichtungsringe
- h Radialbolzen (in b radial beweglich)
- i Gleitstein (auf c axial beweglich) (SSW)

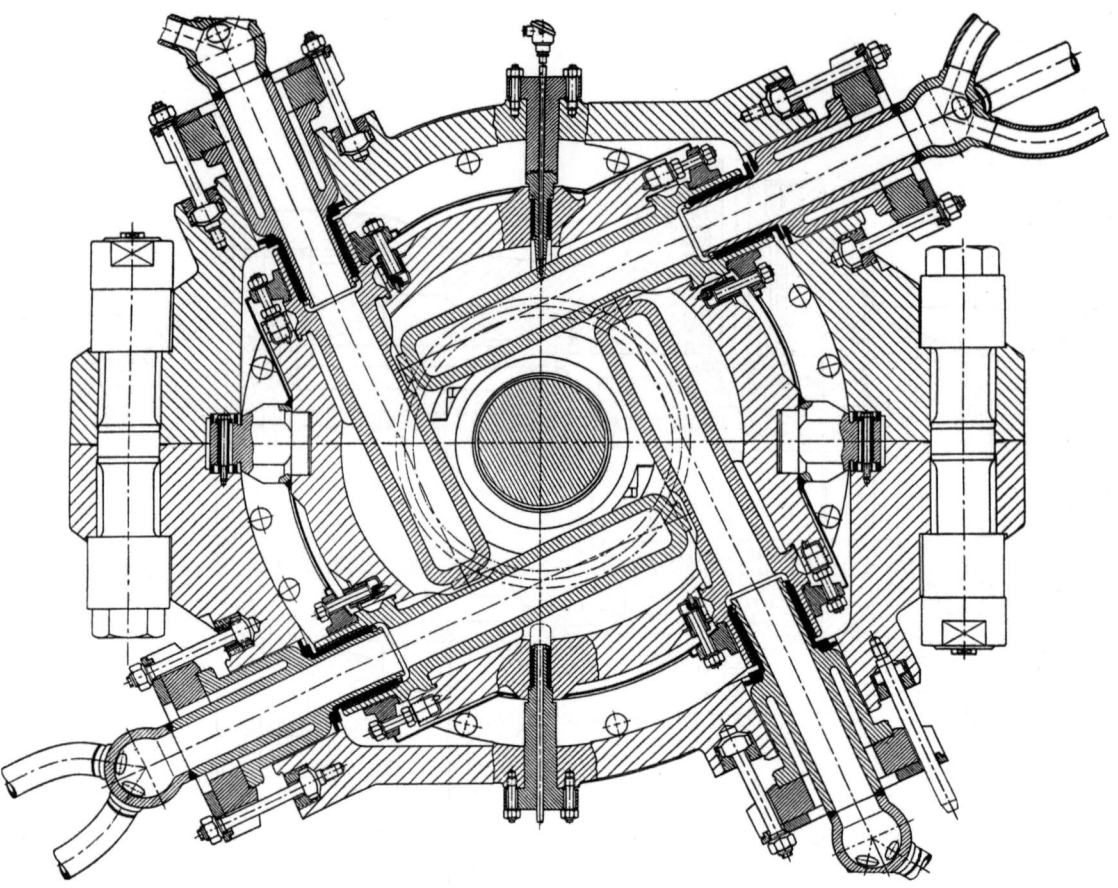

Abb. 6.2.13 Querschnitt durch die **Frischdampfeinführung in das teilfugenlose Innengehäuse** einer Hochdruckturbine. Frischdampfzustand 260 atü bei 605/625 °C (AEG)

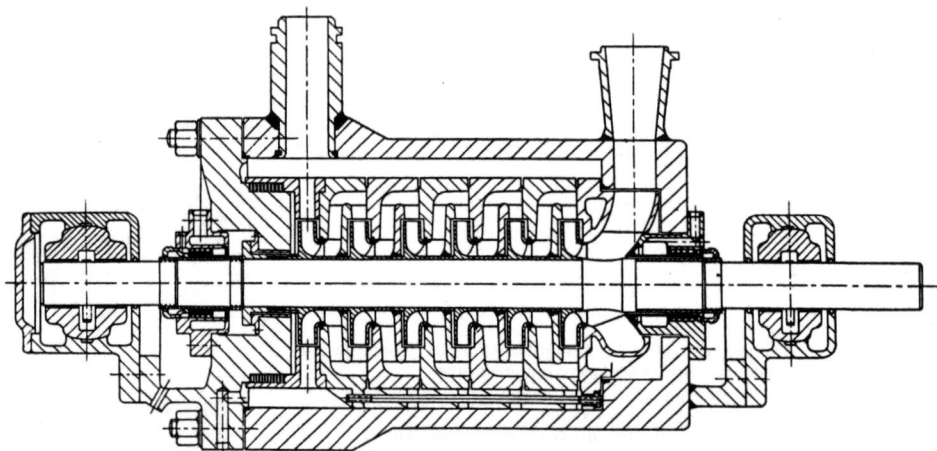

Abb. 6.2.14. **Kesselspeisepumpe** für hohe Drücke **in Topfbauweise.** Förderstrom 275 t/h; Förderdruck 410 atü; Antriebsleistung 5800 PS; Drehzahl 5060 U/min. Bei den Kreiselpumpen in Topfbauweise werden die Leitringe der einzelnen Stufen (ähnlich wie bei der Dampfturbine nach Abb. 6.2.9) in axialer Richtung hydraulisch aufeinandergepreßt. Die Zuganker, die die Leitringe vor allem bei der Montage zusammenhalten, können hier schwach ausgeführt sein. Im Gegensatz dazu müssen Gliederpumpen (Abb. 6.2.3 und 6.2.4) stets sehr starke Zuganker haben. Bei den Kreiselpumpen in Topfbauweise herrscht zwischen Topf und Einbauten der größtmögliche Druck (Druck der Druckseite). So wird an der Dichtfläche der letzten Stufe mit der kleinsten Flächenpressung die kleinste Druckdifferenz erreicht, während bei Gliederpumpen (Abb. 6.2.3 und 6.2.4) stets in recht ungünstiger Weise an der Stelle der kleinsten Flächenpressung die größte Druckdifferenz herrscht. (KSB)

6.2 Gehäuse in Ring- oder Topfbauweise

Abb. 6.2.14a. Ansicht einer **Kesselspeisepumpe in Topfbauweise**
(KSB)

Bei Hochdruck-Strömungsmaschinen besteht zwischen den in der Axialebene geteilten Gehäusen und den Gehäusen in Topfbauart folgender wesentlicher Unterschied:

Bei der axial geteilten Bauweise herrscht zwischen dem als Leitschaufelträger ausgebildeten Innengehäuse und dem Außengehäuse ein möglichst kleiner Druck, d. h. der Druck der Saugseite (vgl. Abb. 6.1.9, 6.1.10, 6.1.11). Dies ist zweckmäßig, weil einerseits Ober- und Unterteil des Innengehäuses durch kräftige Schraubenbolzen am Flansch miteinander verbunden sind (vgl. Abb. 6.1.9 u. 6.1.9a) und deshalb gut einen Innendruck aufnehmen können, und weil andererseits das in der Axialebene geteilte Außengehäuse eine möglichst kleine Druckdifferenz aufnehmen soll.

Bei den Maschinen mit Topfgehäuse ist das als Leitschaufelträger ausgebildete Innengehäuse meist auch in der Axialebene geteilt (Abb. 6.2.10; 6.2.11; 6.2.12). Mit Rücksicht auf die Platzverhältnisse ist es dann aber nicht üblich, Ober- und Unterteil des Innengehäuses durch Schraubenbolzen miteinander zu verbinden. Man kann die dichte und feste Verbindung von Ober- und Unterteil dadurch erreichen, daß man am Leitschaufelträger außen einen höheren Druck als innen wirken läßt, wodurch Ober- und Unterteil mit großer Flächenpressung an der Teilfuge aufeinandergedrückt werden (vgl. Niederdruckteil in Abb. 6.2.12). Eine zusätzliche Verbindung kann durch aufgeschrumpfte (vgl. Abb. 6.2.9 und Hochdruckteil in Abb. 6.2.12) oder angeschraubte (Abb. 6.2.10) Ringe erfolgen. Der hohe Druck, der so außen am Leitschaufelträger herrscht, kann nur bei kleineren Maschinen (Abb. 6.2.9 und 6.2.10) vom äußeren Gehäuse aufgenommen werden. Bei größeren Maschinen wird der zweiteilige Leitschaufelträger von einem einteiligen Innengehäuse, das den hohen Druck vom Außengehäuse fernhält (Abb. 6.2.11, 6.2.12), umschlossen.

Bei Maschinen mit Topfgehäuse, bei denen die Leitschaufelträger in Radialebenen geteilt sind (Abb. 6.2.9, 6.2.14, 6.2.15) werden die Leitschaufelringe axial hydraulisch aufeinandergepreßt. Die so erzeugte Flächenpressung ist bei den Stufen an der Druckseite (Austrittsseite bei Pumpen; Eintrittsseite bei Turbinen) nur klein und reicht nur zum Abdichten einer kleinen Druckdifferenz aus. Deshalb herrscht auch bei diesen Maschinen zwischen Leitschaufelträger und Topfgehäuse ein hoher Druck.

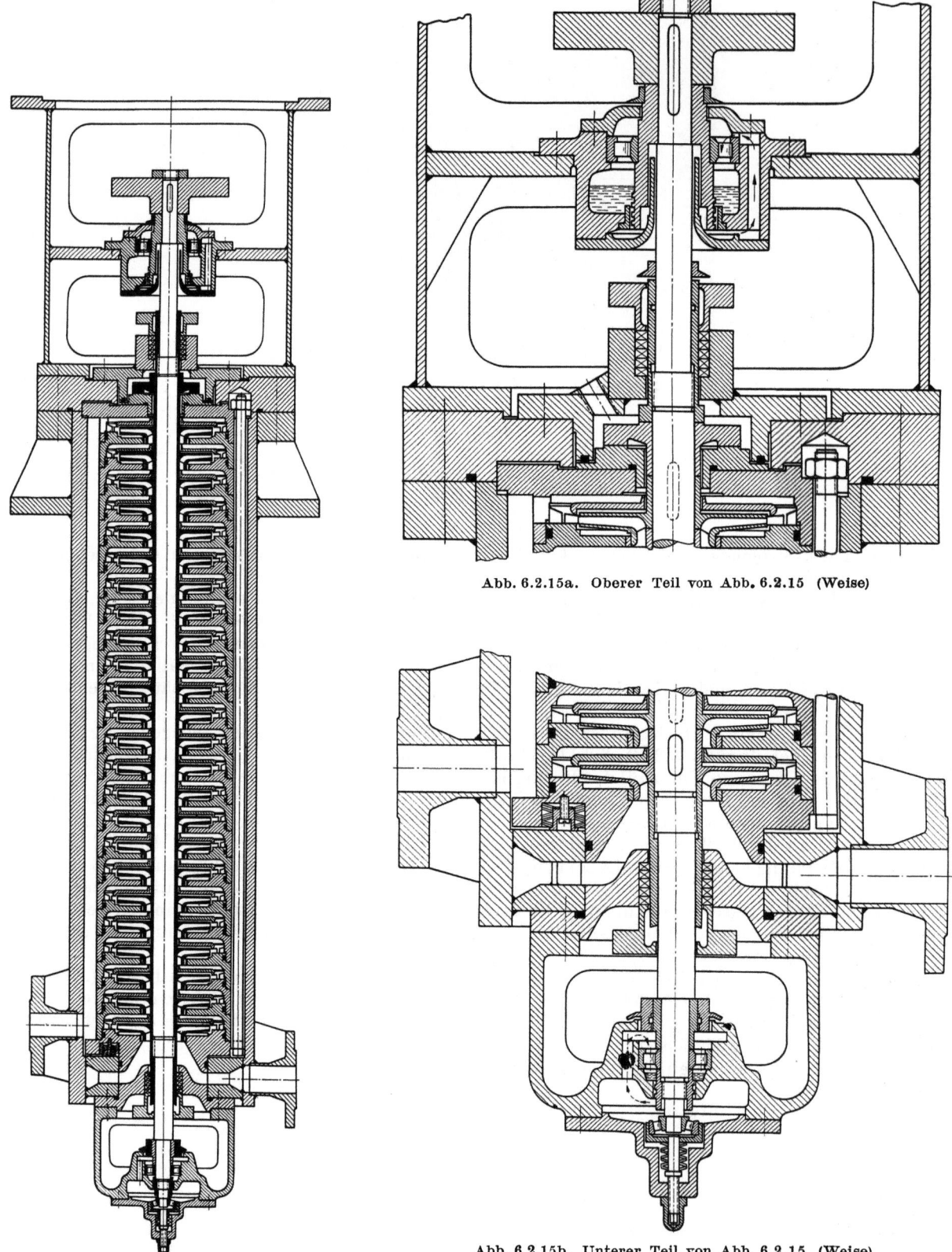

Abb. 6.2.15a. Oberer Teil von Abb. 6.2.15 (Weise)

Abb. 6.2.15b. Unterer Teil von Abb. 6.2.15 (Weise)

Abb. 6.2.15. 24stufige **Kesselspeisepumpe senkrechter Anordnung** in *Topfbauart*. Drehzahl 2950 U/min; Förderleistung 10 m³/h; Enddruck 80 bis 100 atü. Zur Aufnahme des Eigengewichts des Läufers bei Stillstand dient das am unteren Wellenende eingebaute, über Tellerfedern elastisch abgestützte, verstellbare Axiallager. Im Betrieb nimmt die am oberen Wellenende eingebaute Ausgleichsscheibe (vgl. Abb. 4.1) den Achsschub auf. Im Zwischenraum zwischen Topf und Einbauteilen herrscht — wie bei Abb. 6.2.14 — der volle Pumpendruck. Die senkrechte Anordnung der Welle (vgl. 6.2.4) hat den Vorteil, daß bei teilweiser Erwärmung oder Abkühlung das Gehäuse und der Läufer sich weniger leicht als bei waagerechter Welle durchkrümmen. Ausschnitte dieser Zeichnung zeigen Abb. 6.2.15a und 6.2.15b. (Weise)

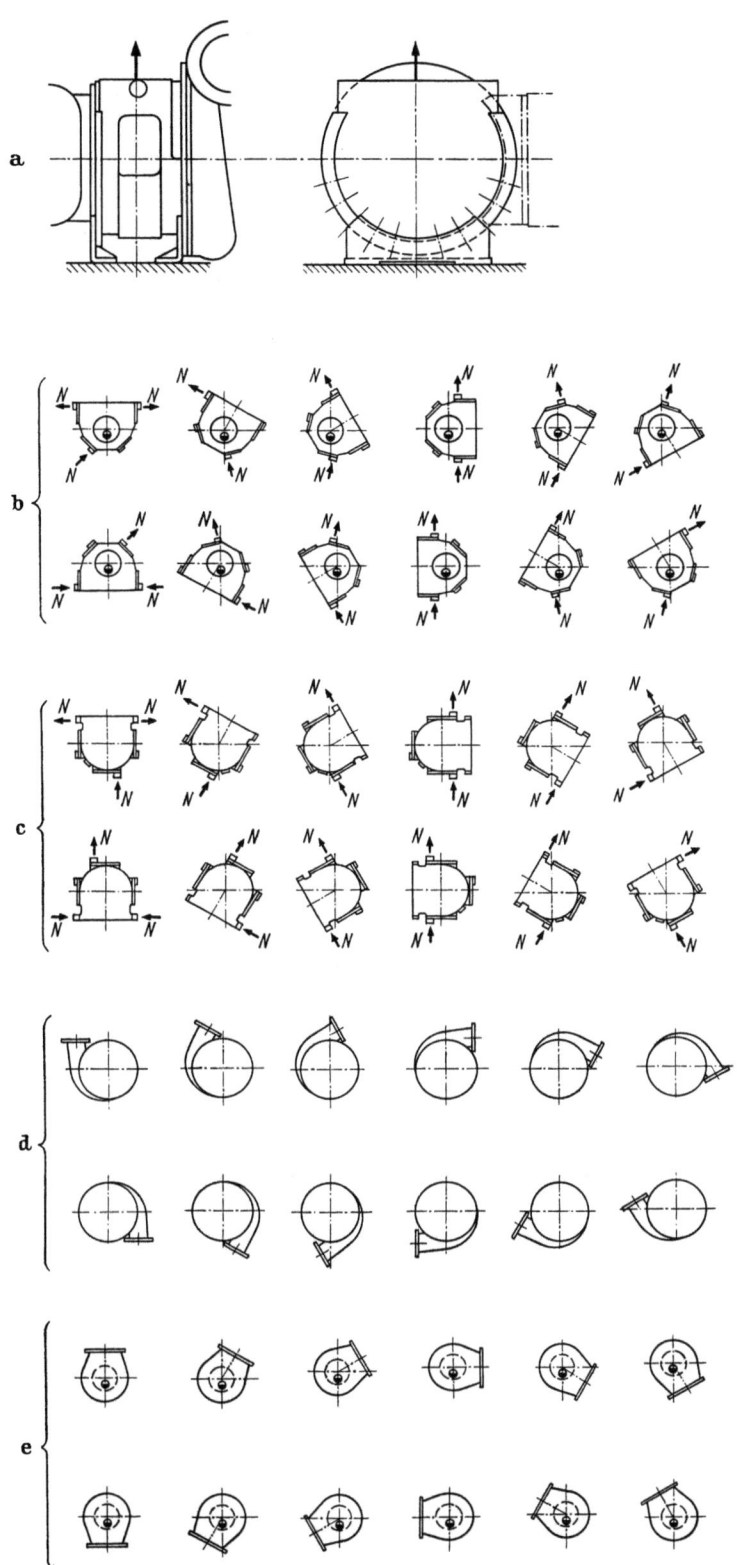

Abb. 6.2.16a—e. Verstellmöglichkeiten des Gehäuses bei Ringbauweise durch Gehäuseflansche, gezeigt am Beispiel des in Abb. 5.2.1 dargestellten Abgasturboladers. Alle Gehäuse können je von 30° zu 30° gegeneinander verdreht zusammengebaut werden; die Befestigungsfüße lassen sich in je 15°C auseinanderliegenden Stellungen am Gasaustrittsgehäuse anschrauben.

a) Mögliche Stellungen der Befestigungsfüße
b) Mögliche Stellungen des Gaseintrittsgehäuses
c) Mögliche Stellungen des Gasaustrittsgehäuses
d) Mögliche Stellungen des Luftaustritts-Spiralgehäuses
e) Mögliche Stellungen des Luftsaugstutzens, der an Stelle der Ansaug-Schalldämpferhaube (Abb. 5.2.1) angebaut werden kann
N Kühlwasseranschlüsse

Ähnliche Verstellmöglichkeiten sind oft auch bei Kreiselpumpen vorhanden. (BBC)

Abb. 6.2.17a. Anbau des Leitrades

Abb. 6.2.17b. Einbau von Welle und Lager

Abb. 6.2.17c. Anbau des Laufrades

Abb. 6.2.17d. Ansicht der vollständigen Turbine

6.2 Gehäuse in Ring- oder Topfbauweise

Abb. 6.2.17e. Querschnitt durch Turbine und Generator.
1 Stützschaufelring
2 regulierbarer Leitapparat
3 Leitradsevomotor mit Schließgewicht
4 Regler
5 Laufrad mit Servomotor in der Abflußhaube
6 Lippenstopfbüchse
7 Welle
8 Lager mit Steueröl- zuführung
9 Laufradrückführung
10 Spurlager
11 Planetengetriebe mit Bremse zwischen Lauf- rad und Generator
12 u. 13 Generatoren
14 Stützfuß mit Kaltluft- kanälen
15 seitliche Stützarme mit Warmluftkanälen
16 Ausbauöffnungen

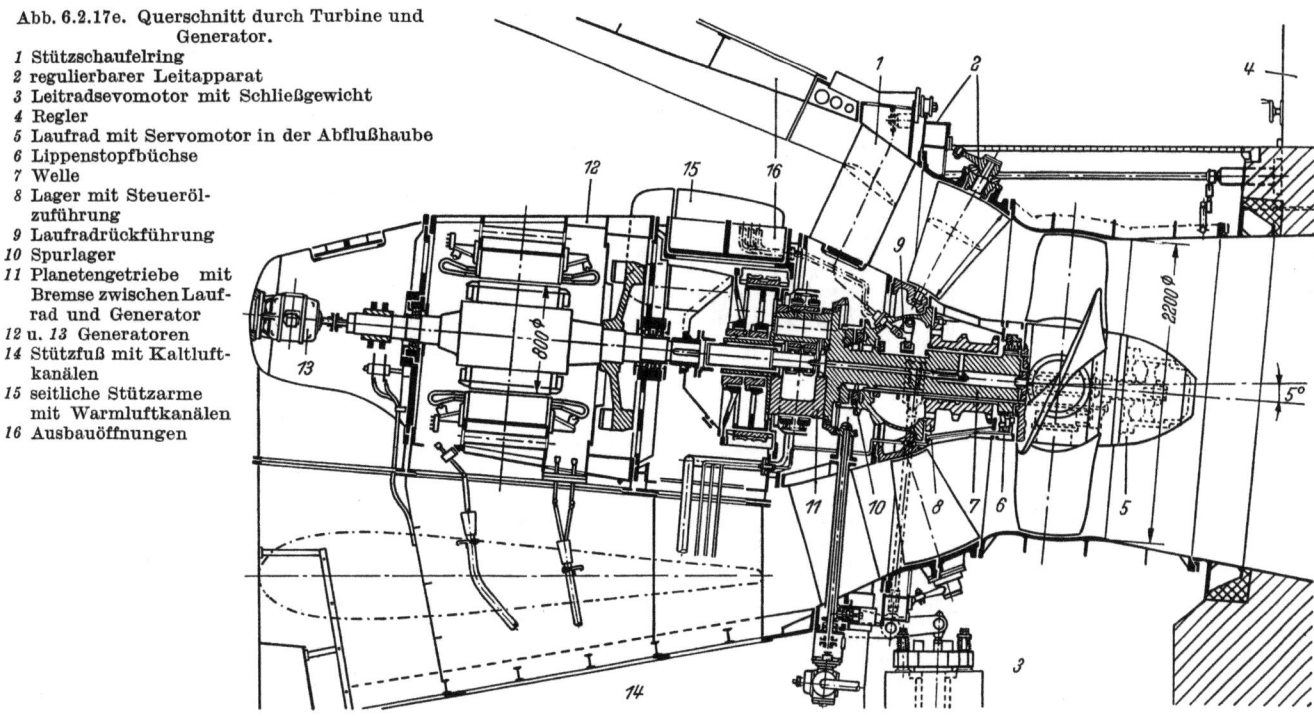

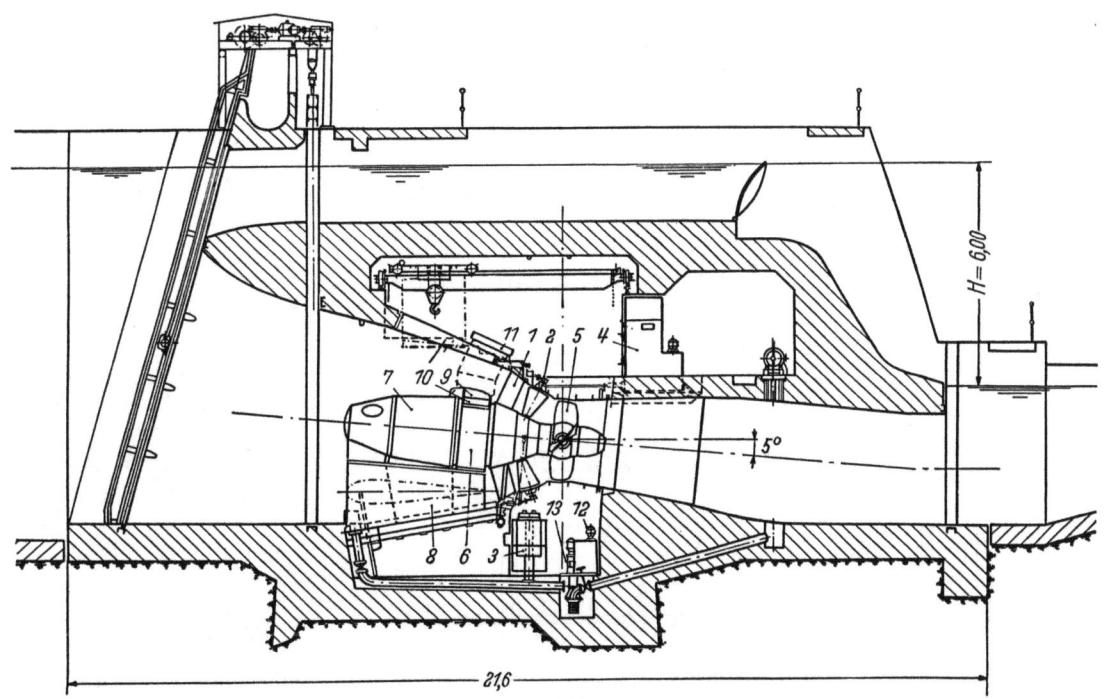

Abb. 6.2.17f Querschnitt durch die gesamte Anlage.

1 Stützschaufelring	6 Planetengetriebe	10 Ausbauöffnungen
2 regulierbarer Leitapparat	7 Generator	11 Generator-Luftkühler
3 Leitradservomotor	8 Stützfuß	12 Ölbehälter
4 Regler mit Schalttafel	9 Stützarme	13 Sickerwasserpumpen
5 Laufrad		

Abb. 6.2.17a—f. Als **Rohrturbine** ausgeführte **Kaplanturbine**. $N = 1690$ PS; $H = 6{,}07$ m; $V = 24$ m³/s; $n = 165$ U/min.
a)—d) Werkstattmontage   e) u. f) Schnittzeichnungen

Das **Gehäuse** dieser Maschine ist **teils in der Axialebene** geteilt, teils in der **Ringbauweise** ausgeführt. Die gesamte Maschine sitzt auf einer profilierten Hohlrippe und wird durch zwei seitliche Stützarme abgestützt. Der dicht schließende Leitapparat ersetzt eine Schnell- schlußschütze. Bei Revisionen kann die Turbine im Einlauf und am Ende des kurzen Saugrohres mittels Dammbalken abge- schlossen werden. (Escher Wyss)

5 Petermann, Strömungsmaschinen

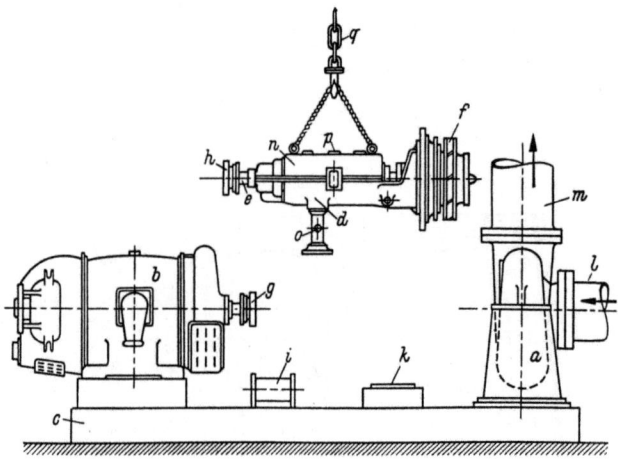

Abb. 6.2.18. **Demontage** einer Heißwasser-Kreiselpumpe. Bei der **in der Axialebene ungeteilten Pumpe** kann bei einer Überprüfung das Pumpengehäuse a und auch der Antriebsmotor b auf dem Fundament c unverändert bleiben, wenn man den Lagerstuhl d einschließlich der Welle e und des Laufrads f nach der Antriebsseite axial herauszieht und dabei der zum Herausfahren des Lagerbockes nötige axiale Platz durch den Ausbau einer zwischen den beiden Kupplungshälften g und h liegenden Abstandshülse i geschaffen wird. Die Stütze k unter dem Lagerbock dient gleichzeitig der Kühlwasserzufuhr. Der Lagerbock selbst ist in der Achsebene geteilt, so daß man eine Revision der Lager auch ohne eine vollständige Demontage des Lagerblockes durchführen kann.

l Saugleitung	n abnehmbarer Lagerdeckel	p Kühlwasserablauf
m Druckleitung	o Kühlwasseranschluß	q Krankette (KSB)

7 Wellendichtungen

7.1 Berührungsdichtungen

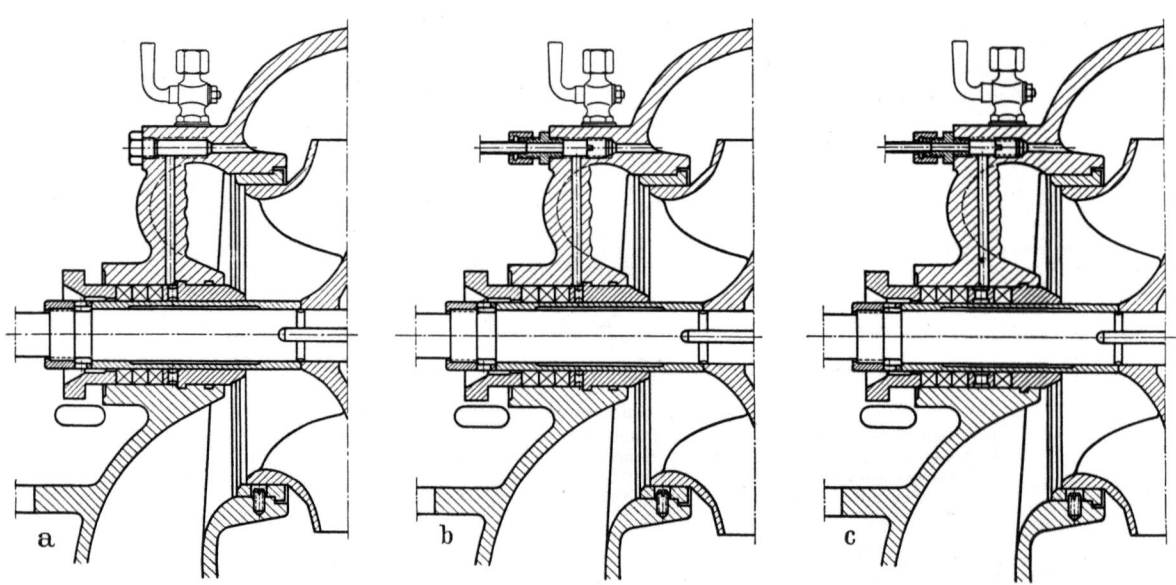

Abb. 7.1.1a—c. **Packungsstopfbüchsen** mit Sperrwasserzufuhr. Solche Stopfbüchsen finden bei Kreiselpumpen und Wasserturbinen dann Anwendung, wenn an der Saugseite des Laufrades Unterdruck herrscht oder herrschen kann. Falls auf der Druckseite des Laufrades Überdruck vorhanden und das durch die Maschine strömende Wasser sauber ist, benutzt man Konstruktion a). Andernfalls ist Fremdwasser als Sperrwasser zu verwenden (b und c). Der Fremdwasserverbrauch ist bei c) geringer als bei b). (de Laval)

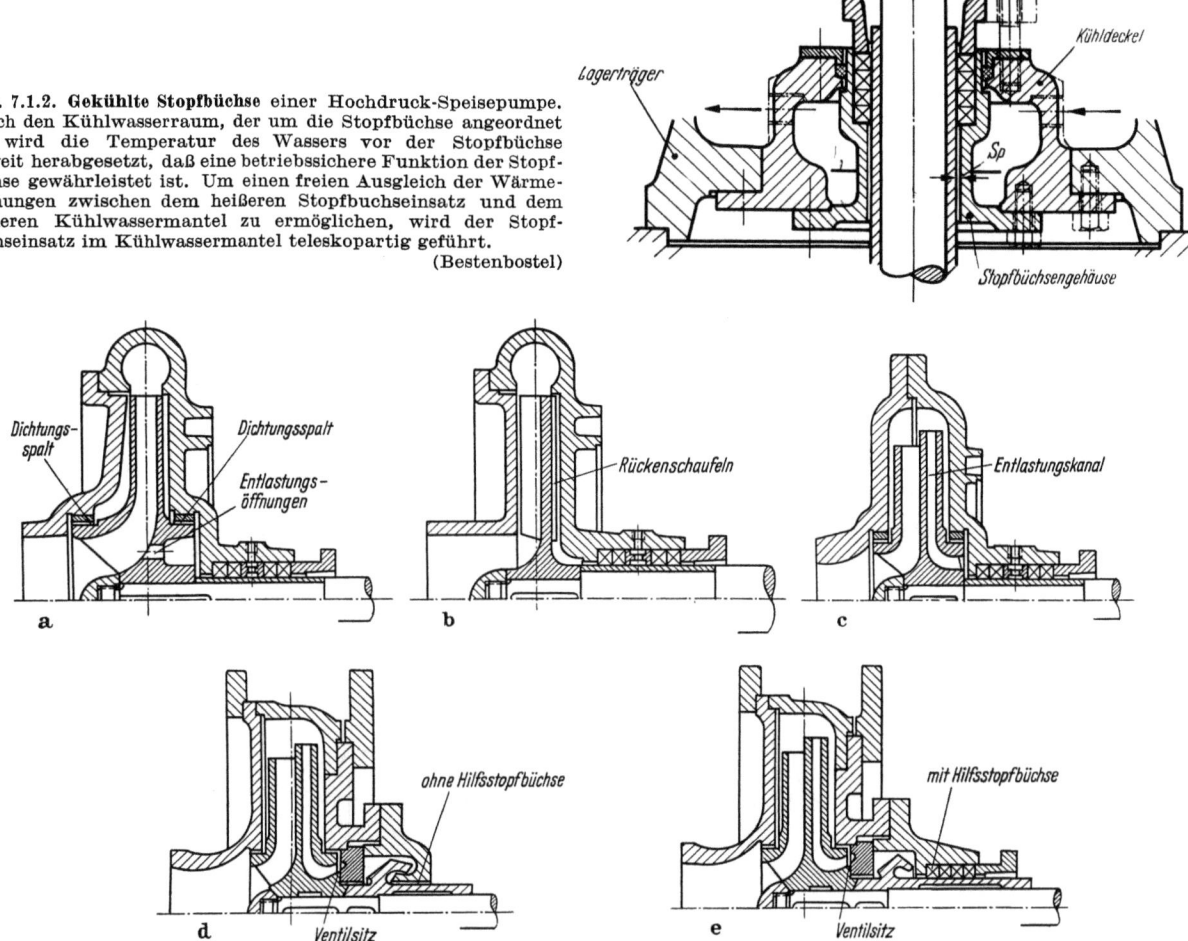

Abb. 7.1.2. **Gekühlte Stopfbüchse** einer Hochdruck-Speisepumpe. Durch den Kühlwasserraum, der um die Stopfbüchse angeordnet ist, wird die Temperatur des Wassers vor der Stopfbüchse so weit herabgesetzt, daß eine betriebssichere Funktion der Stopfbüchse gewährleistet ist. Um einen freien Ausgleich der Wärmedehnungen zwischen dem heißeren Stopfbuchseinsatz und dem kühleren Kühlwassermantel zu ermöglichen, wird der Stopfbüchseinsatz im Kühlwassermantel teleskopartig geführt.
(Bestenbostel)

Abb. 7.1.3a—e. **Stopfbüchskonstruktionen für Säure-Kreiselpumpen.** Die Wellenabdichtung von Säurepumpen muß das Austreten der meist sehr aggressiven Förderflüssigkeit aus dem Pumpengehäuse sowohl während des Betriebes, als auch während des Stillstandes der Pumpe sicher verhindern. Um während des Betriebes eine wirksame Abdichtung zu erzielen, muß die Stopfbüchse entlastet werden, d. h. es muß der von der Pumpe erzeugte Druck der Förderflüssigkeit weitgehend von der Stopfbüchse ferngehalten werden. Dazu gibt es folgende Möglichkeiten:
  a) Die Entlastungsöffnungen in Verbindung mit dem zusätzlichen Dichtungsspalt bewirken nicht nur eine Verminderung des Axialschubes, sie entlasten auch die Stopfbüchse. Durch die Entlastungsöffnungen wird der Druck vor der Stopfbüchse auf den Druck im Saugstutzen herabgesetzt.
  b) Durch Rippen auf der Laufradscheibe (Rückenschaufeln) wird einerseits der Flüssigkeitsdruck an der Stopfbüchse etwa auf die gleiche Höhe wie im Saugstutzen herabgesetzt, andererseits wird ein Ausgleich des Achsschubes durch eine entsprechende Druckverringerung am Rücken der Radscheibe erreicht. Rückenschaufeln sind nicht nur bei offenen sondern auch bei geschlossenen Laufrädern (d. h. solchen mit Deckscheibe) anwendbar. Diese Entlastung wirkt nur zuverlässig, wenn der zwischen Rückenschaufeln und Gehäuse erforderliche enge Spalt nicht durch Abnutzung vergrößert wird.
  c) Mit Hilfe von im Laufrad eingegossenen Entlastungskanälen, die nötigenfalls eine größere Förderhöhe als das Laufrad erzeugen können, wird die Stopfbüchse nahezu drucklos gehalten. Bei dieser Ausführung ist es möglich, auch einen etwa vorhandenen Zulaufdruck weitgehend wirkungslos zu machen

Während des Stillstands erfolgt die Abdichtung:
  a) b) u. c) Durch die Packungsstopfbüchse
  d) Hier ist die Nabe des Kreiselpumpenlaufrades in der Art eines Ventilsitzes ausgebildet, der im Ruhestand auf einem entsprechenden Gegensitz der feststehenden Gehäusewandung gepreßt wird. Sobald die Pumpe in Betrieb genommen wird, wird durch eine Automatik im Lagerstuhl der Pumpenläufer und damit der umlaufende Ventilsitz des Pumpenlaufrades von dem feststehenden Gehäusesitz abgedrückt und dadurch ein reibungsloses Umlaufen des Laufrades ermöglicht. Die Entlastung der Wellendichtung erfolgt dann mit Hilfe einer der oben geschilderten Methoden. Die im Bild d) gezeigte Konstruktion wird oft als „stopfbuchslose Kreiselpumpe" bezeichnet. Nachteilig ist, daß die Ventilsitze während eines Teils der Anfahr- und Abstellperiode aufeinanderreiben und sich abnutzen, so daß nach einer gewissen Betriebszeit diese Pumpen im Stillstand undicht werden können.
  e) Neben der bei Bild d) beschriebenen Wellendichtung ist eine Hilfsstopfbüchse üblicher Bauart eingebaut, wodurch der oben erwähnte Nachteil beseitigt werden soll. Die Konstruktion und die Überwachung wird so aber recht umständlich.
(AMAG-Hilpert)

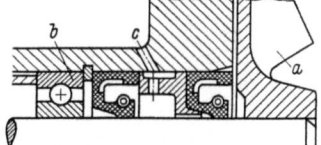

Abb. 7.1.4. **Manschettendichtungen** (Simmerringe) zwischen dem fliegend aufgesetzten Laufrad a und dem Kugellager b einer Pumpe. Von c aus kann die Dichtung geschmiert werden. Solche Dichtungen sind nur für mäßige Temperaturen geeignet. (Freudenberg)

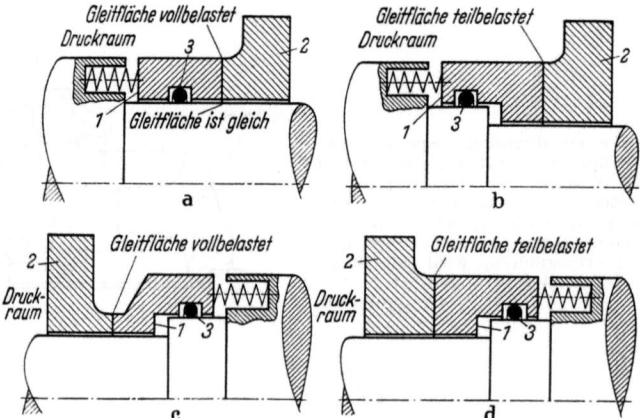

Abb. 7.1.5a—d. Anordnungsarten von Gleitringdichtungen. Kennzeichen aller Gleitringdichtungen ist, daß die bewegte, also dem Verschleiß unterworfene Dichtfläche von der Wellenoberfläche weg in eine Fläche senkrecht zur Achse gelegt ist. An der Gleitfläche zwischen dem mit der Welle umlaufenden Ring *1* und dem im Gehäuse sitzenden Ring *2* wird durch eine axiale Feder eine Vorpressung von 0,5 bis 1 kg/cm² erzeugt. Die eigentliche Dichtpressung wird durch die an der Dichtstelle auftretende Druckdifferenz erzeugt und ist somit dieser Druckdifferenz proportional. Die Gleitfläche ist bei a und c gleich und bei b und d größer als die Fläche, auf die die Druckdifferenz wirkt. Die Anordnung der Gleitringdichtung liegt bei a und b innerhalb und bei c und d außerhalb des Druckraumes. Die Abdichtung zwischen dem Ring *1* und der Welle erfolgt durch die Gummidichtung *3*. (Goetze)

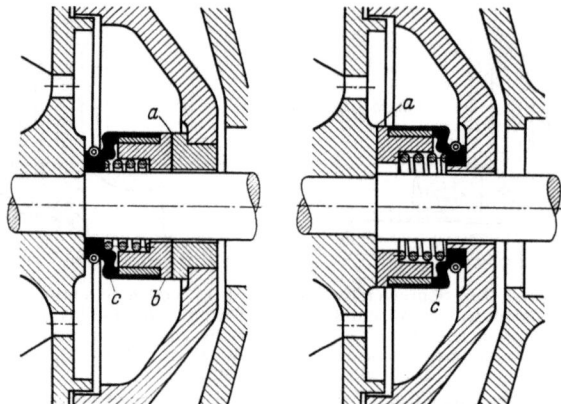

Abb. 7.1.6. Gleitringdichtung mit Balg. *a* Gleitfläche, *b* Gleitring, *c* Balg. Bei der linken Anordnung dreht sich der Gleitring mit der Welle und läuft an einer Gleitfläche des Gehäuses an. Bei der rechten Anordnung ist der Gleitring mit dem Gehäuse verbunden und läuft an der Stirnfläche des Laufrades oder an einem Wellenbund an. (Goetze)

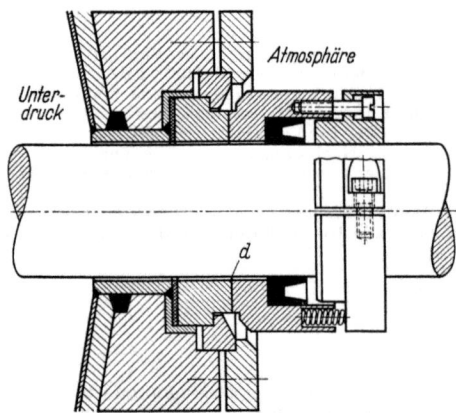

Abb. 7.1.7. Von außen frei zugängliche Gleitringdichtung. *d* Gleitfläche. Maximaler Wellendurchmesser 360 mm (Goetze)

7.1 Berührungsdichtungen

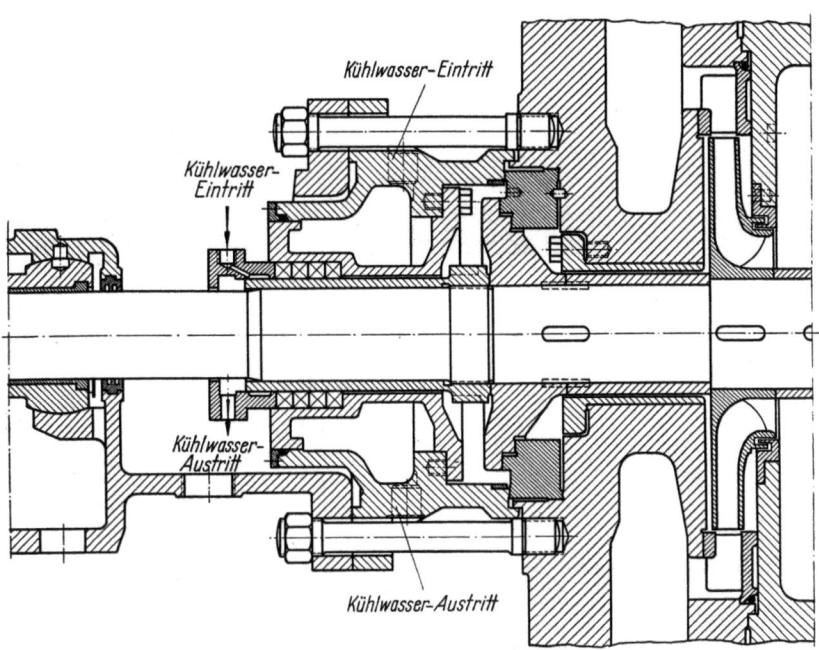

Abb. 7.1.8. **Weichpackungs-Stopfbüchse** einer Kesselspeisepumpe (KSB)

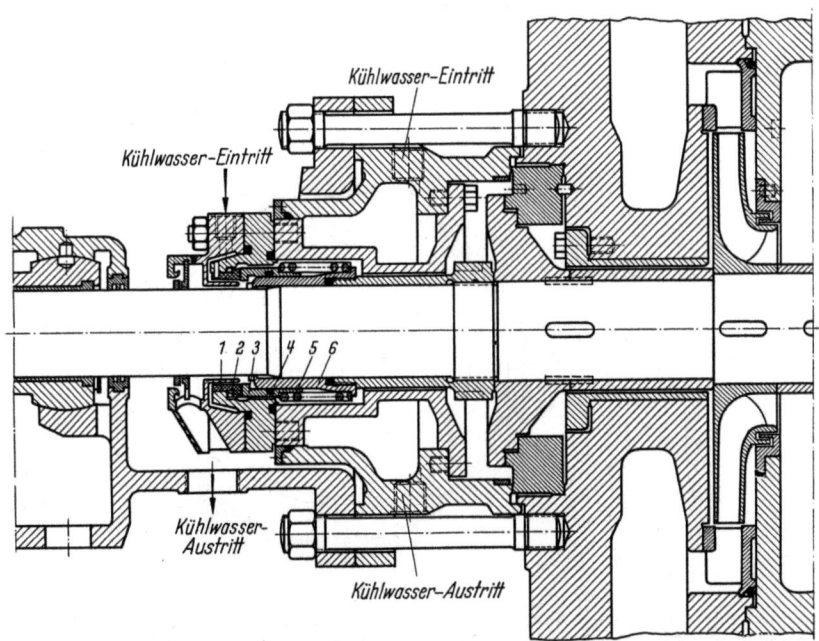

Abb. 7.1.8a. Kesselspeisepumpe nach Abb. 7.1.8 mit eingebauter **Flexibox-Gleitringdichtung**.
1 feststehender Kohlering *5* Druckfeder
2 u. *4* Runddichtungen *6* Wellenschutzbüchse (KSB)
3 umlaufender Stahlring

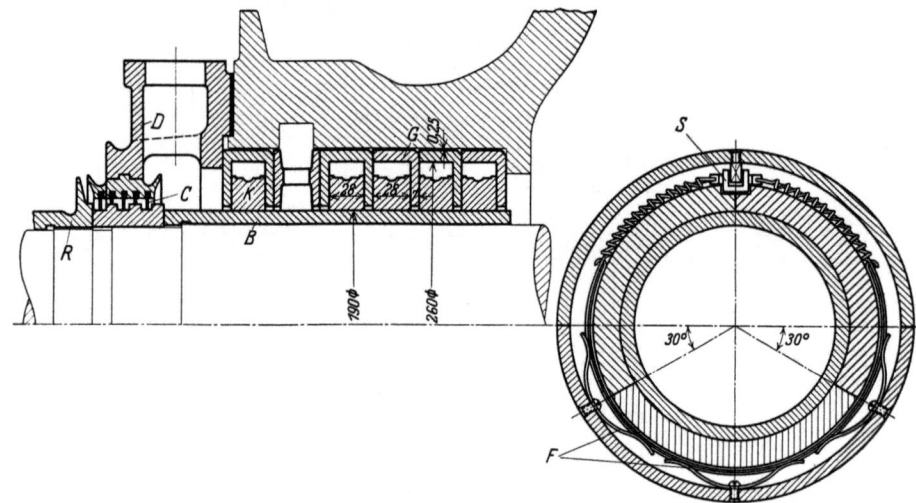

Abb. 7.1.9. **Kohlering-Stopfbüchse** einer Dampfturbine. Die Kohleringe K sitzen in Grundringen G. Das Gewicht der Kohleringe wird durch die Blattfedern F aufgenommen. Das Mitdrehen der Kohleringe wird verhindert durch den U-förmigen Bügel S, in welchem auch die Schlauchfedern befestigt sind, die die dreiteiligen Kohleringe zusammenhalten. Die Aussparung zwischen dem ersten und zweiten Kohlering dient bei Niederdruckstopfbüchsen zur Sperrdampfzufuhr und bei Hochdruckstopfbüchsen zur Leckdampfabfuhr. Rohr D dient in jedem Fall zur Schwadendampfabfuhr. Die Spitzendichtung C und der Spritzring R verhindern das Einblasen von Dampf in das benachbarte Lager.

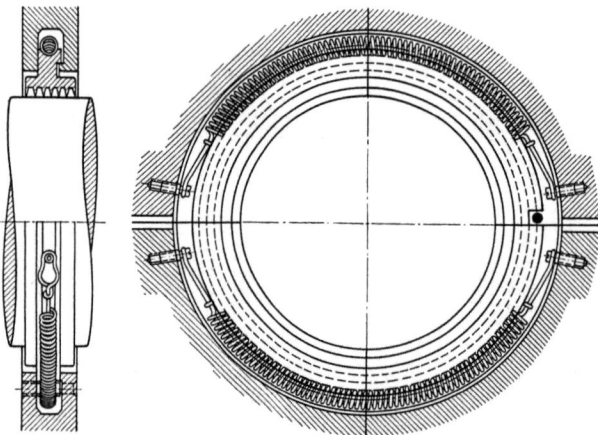

Abb. 7.1.10 **Nachgiebige Nabendichtung** als Zwischendichtung in Dampfturbinen. Der Kammring wird in den Zwischenboden eingesetzt und durch 2 Federn leicht an die Nabe angedrückt. Die untere Feder ist etwas stärker angespannt, um die Nabe vom Gewicht der Ringe zu entlasten. (GEC)

7.2 Berührungsfreie Dichtungen

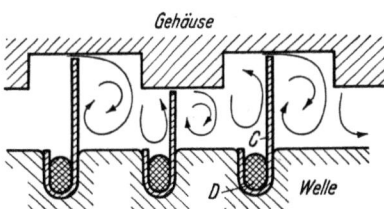

Abb. 7.2.1. **Labyrinth-Stopfbüchse** für Verdichter, Dampf- und Gasturbinen. Die dünnen Blechringe C werden mittels Stemmdraht D eingesetzt und können so bei Beschädigungen leicht ausgewechselt werden. Bei einem Anstreifen der Dichtung bleibt der mit den Blechringen besetzte Teil kalt, weil die dünnen Blechringe keine nennenswerte Wärmemenge übertragen können, während sich der Maschinenteil ohne Blechringe erwärmt und infolge der Wärmedehnung seinen Umfang und Durchmesser vergrößert. Man muß den Teil ohne Blechringe außen und den Teil mit Blechringen innen anordnen, damit im Falle eines Anstreifens die Dichtung von selbst freikommt und sich nicht festfrißt. In der Regel liegt außen das Gehäuse und innen die Welle bzw. der Läufer.
(BBC)

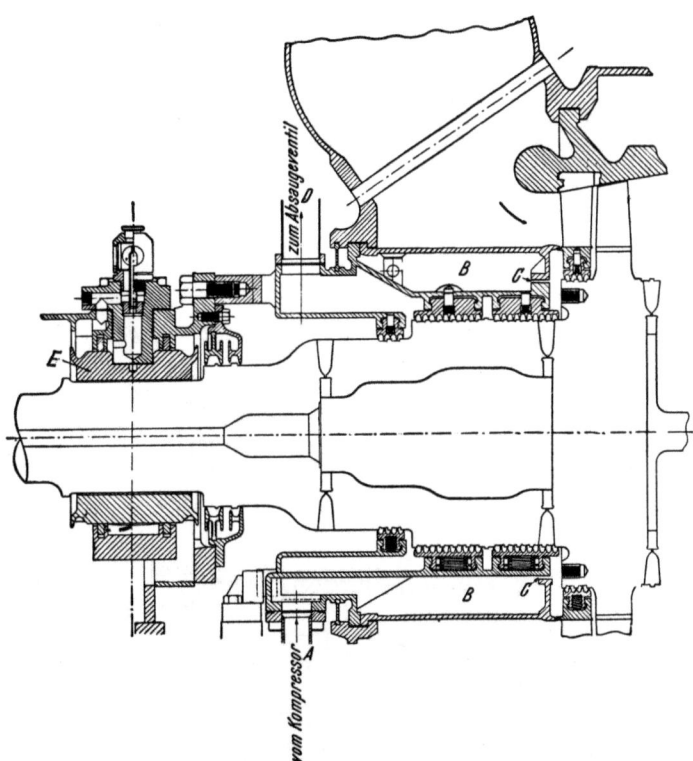

Abb. 7.2.2. **Labyrinth-Stopfbüchse** an der Druckseite einer Lokomotiv-Gasturbine von 4120 PS. Bei A wird Luft vom Kompressoraustritt eingeführt und strömt über den Ringraum B zum Ringspalt C. Von dort strömt ein Teil der Luft durch die Leitradabdichtung der ersten Stufe am Läufer vorbei in den Gasstrom, wodurch der Läufer gekühlt wird. Der andere Teil der Luft fließt entlang der Welle durch das Labyrinth und wird bei D von einem Ventilator abgesaugt. Dadurch bleibt die Welle am Lager E kühl. Neben der Kühlwirkung wird durch diese Konstruktion erreicht, daß keine heißen Gase in den Maschinenraum austreten. (Allis-Chalmers)

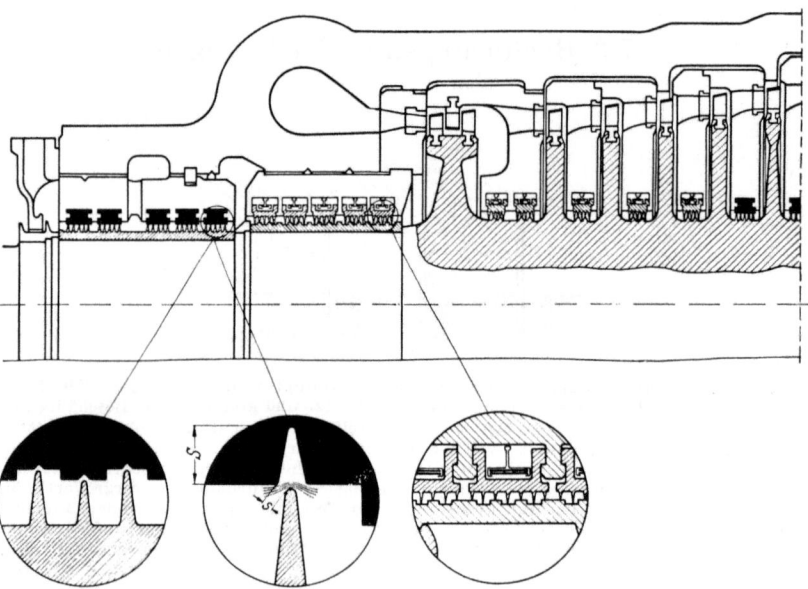

Abb. 7.2.3. **Dampfturbinenstopfbüchse** für sehr hohe Drücke und Temperaturen. Im Bereich hohen Druckes (rechts) besteht die Stopfbüchse aus Metall-Labyrinthdichtungen, bei denen die Segmente beim Anstreifen nach außen ausweichen, da sie durch Blattfedern hoher Dauerstandsfestigkeit abgestützt sind. Im Bereich niedrigen Druckes (links) sind im Gehäuse Kohlesegmente eingebaut, während die auf der Welle aufgeschrumpften Büchsen Stahlkämme haben. Bei etwaigem Anstreifen schneiden die Kämme feine Rillen in die Kohle ein, wie unten links dargestellt. Die Abdichtung ist selbst bei tiefer Rille S wegen der geringen Spaltweite s gut (vgl. unten Mitte). (Escher Wyss)

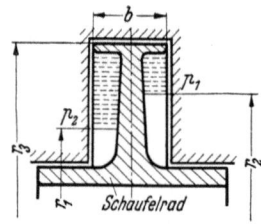

Abb. 7.2.4. **Wasserring-Stopfbüchse.** Auf der Welle sitzt ein seitlich mit Schaufeln versehener oder auch unbeschaufelter Ring. Durch diesen wird ein Wasserring erzeugt, dessen dynamischer Druck dem Innendruck entgegenwirkt. Der Energieverlust durch Reibung ist bei dieser Stopfbüchse erheblich und hat eine starke Aufwärmung des Wassers zur Folge. Das Wasser ist laufend auszutauschen. Wasserring-Stopfbüchsen kommen in Frage, wenn bei gas- oder dampfförmigen Medien absolute Dichtheit verlangt wird.

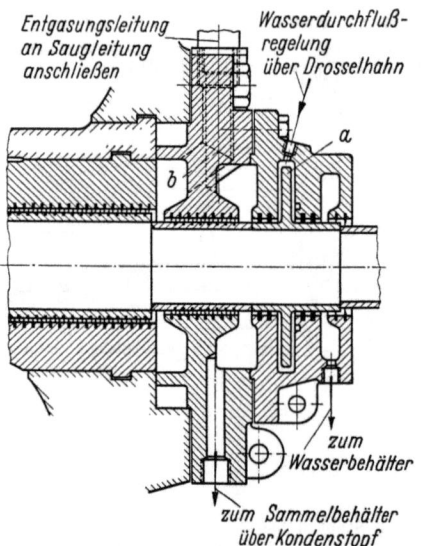

Abb. 7.2.5. **Wasserring-Stopfbüchse** auf der Druckseite eines Gasverdichters. Der in der Maschine auf der Druckseite herrschende Druck wird durch eine große Zahl von Labyrinthspalten abgebaut (links). Aus Raum b kann das Leckgas zur Saugseite des Verdichters zurückströmen. Durch die Wasserringstopfbüchse a (vgl. Abb. 7.2.4) ist der Gasraum absolut gasdicht abgeschlossen. (GHH)

7.3 Stopfbüchslose Strömungsmaschinen

Abb. 7.3.1. **Stopfbüchsloser** vielstufiger Umwälz-Turboverdichter. Elektromotor und Verdichter sind in einem druckfestem Rohr aus hochwertigem Stahl eingeschlossen. Das Fördermedium (Stickstoff-Wasserstoff-Gasgemisch) tritt links-oben mit einem Zulaufdruck von 200 bis 300 atü ein. Es umströmt dann zum Zwecke der Kühlung das Motorgehäuse, strömt durch den Verdichter und verläßt den Maschinensatz durch den rechtsseitigen Abschlußdeckel. Bei verringerter Stufenzahl des Verdichters werden in das unveränderte Gehäuse die Zwischenringe a eingesetzt. (SSW u. Demag)

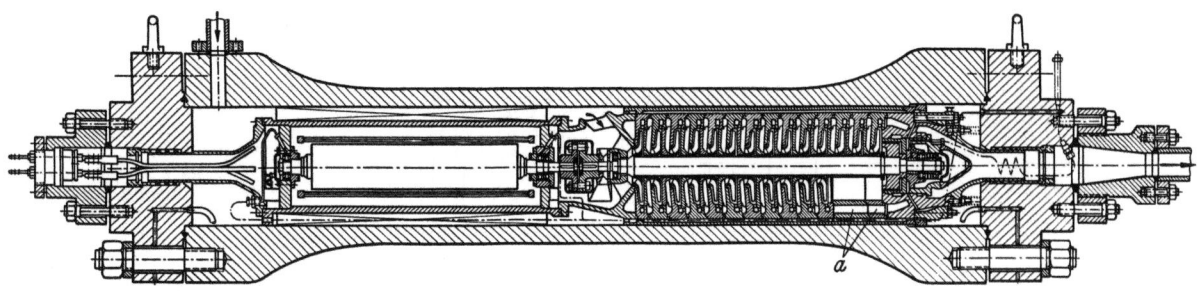

Abb. 7.3.2a. Ansicht einer Umwälzpumpe ähnlich Abb. 7.3.2. (KSB)

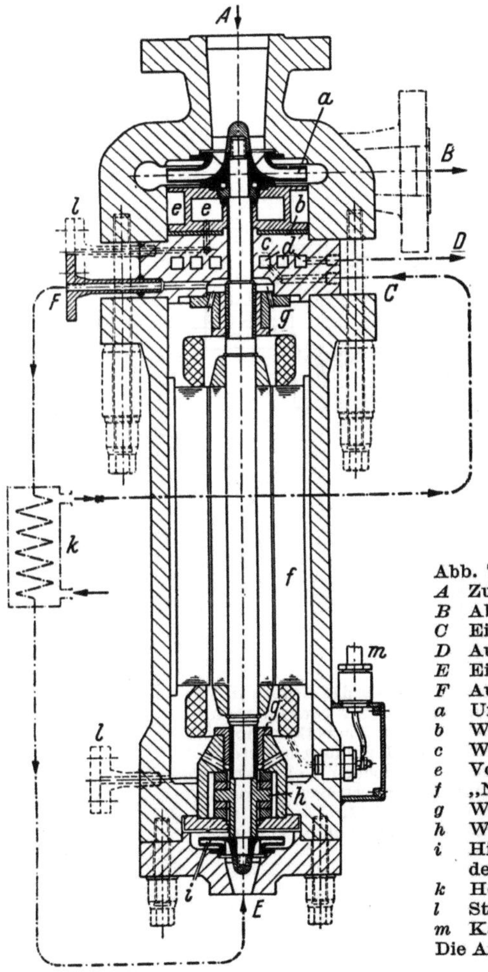

Abb. 7.3.2. **Stopfbüchslose** Umwälzpumpe eines 140 atü-La Mont-Kessels.
A Zulauf des Kesselwassers
B Ablauf des Kesselwassers
C Eintritt des Kühlwassers (Niederdruck)
D Austritt des Kühlwassers (Niederdruck)
E Eintritt des Kühlwassers (Hochdruck)
F Austritt des Kühlwassers (Hochdruck)
a Umwälzpumpe
b Wärme-Isolierung
c Wärmesperre mit Kühlkanälen d
e Vorkammer zur Wärmesperre. In diesen Kammern befindet sich das Wasser in Ruhe.
f „Nasser" Antriebsmotor. Stator und Rotor des Motors befinden sich im Wasser.
g Wassergeschmierte Gleitlager
h Wassergeschmierte Segmentlager
i Hilfslaufrad zum Umwälzen des Hochdruck-Kühlwassers zur Motorkühlung, das unter dem Druck des Kesselwassers steht.
k Hochdruckkühler
l Stutzen zur Entschlammung
m Kabeleinführung
Die Ansicht einer solchen Pumpe zeigt Abb. 7.3.2a. (KSB)

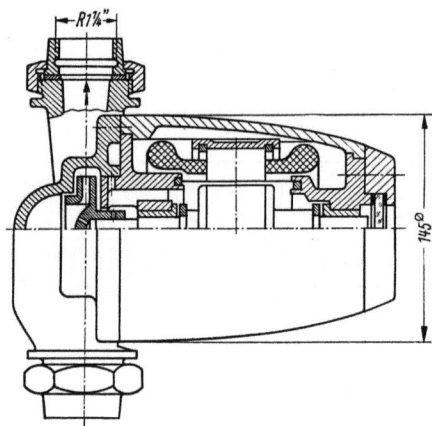

Abb. 7.3.3. **Stopfbuchslose** Heizungs-Umwälzpumpe. Der Rotor des Elektromotors **läuft** im Wasser um. Die Lager sind wassergeschmiert. Zwischen Stator und Rotor befindet sich ein dünnwandiges Rohr aus diamagnetischem Material, das die Statorwicklungen vor dem Fördermedium schützt.

        Fördermenge: 2000 l/h
        Drehzahl: 1400 U/min
        Förderhöhe: 0,8 m (Rütschi)

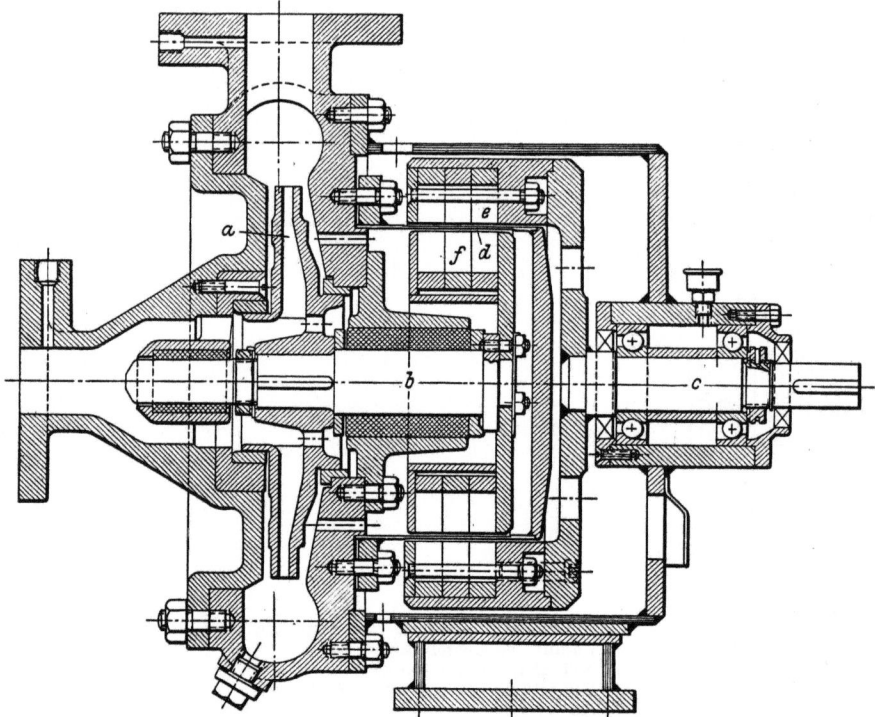

Abb. 7.3.4. Kreiselpumpe **ohne Stopfbüchsen.** Die Welle b trägt zwischen den Lagern das Pumpenrad a und auf der einen Seite überhängend einen Radkranz mit permanenten Magneten f. Dieser Magnetkranz bildet den angetriebenen Teil einer Magnetkupplung. Er ist durch die Haube d völlig eingekapselt. Der treibende Teil der Kupplung e besteht ebenfalls aus einem Ring permanenter Magneten, der mit der angetriebenen Welle c verbunden ist. Die abgebildete Kupplung soll 20 PS bei 1500 U/min übertragen können. Diese Pumpe wurde von Hydraulic and Mechanical Developments, Ltd., London, für stark ätzende oder giftige Flüssigkeiten sowie für die Flüssigkeitsförderung unter Vakuum entwickelt.

Firmenbezeichnungen

AEG	Allgemeine Elektrizitätsgesellschaft, Berlin	de Laval	A.-B. de Laval Angturbin, Stockholm (Schweden)
Allen	W. H. Allen, Sons & Co. Ltd., Bredford (England)	amer. de Laval	de Laval Steam Turbine Co., Trenton, N. Y. (USA)
Allis-Chalmers	Allis-Chalmers Manufacturing Co., Milwaukee (USA)	Lorenz	Getriebebau Lorenz Braren K. G., Markt Indersdorf
AMAG-HILPERT	AMAG-Hilpert-Pegnitzhütte A. G., Nürnberg	MAN	Maschinenfabrik Augsburg-Nürnberg A. G., Augsburg
BBC	Brown, Boveri & Cie A. G., Mannheim u. Baden (Schweiz)	Nimonic	Schutzmarke von: Henry Wiggin & Co. Ltd., Birmingham (England). In Deutschland erhältlich bei: Friedr. Krupp, Essen und Deutsche Edelstahlwerke A. G., Krefeld
Bestenbostel	Kleinschanzlin-Bestenbostel G. m. b. H., Bremen		
BMW	Bayrische Motoren Werke A. G., München		
Bristol	Bristol Aeroplane Company Ltd. (England)	Ossberger	Ossberger-Maschinenfabrik, Weißenburg
Brush	Brush Electrical Engineering Comp. Ltd. (England)	Pametrada	Pametrada Research Station, Wallsend, Northumberland (England)
Charmilles	Charmilles S. A., Genf (Schweiz)	Pollrich	P. Pollrich & Co., M.-Gladbach
Demag	Demag A. G., Duisburg	Rolls Royce	Rolls-Royce Ltd., Derby (England)
English Electric	The English Electric Co. Ltd., Rugby (England)	Rover	Rover Gas Turbines Ltd., Birmingham (England)
Escher Wyss	Escher Wyss A. G., Zürich (Schweiz) und Ravensburg/Württ.	Ruhrpumpen	Ruhrpumpen GmbH, Witten-Annen
		Rütschi	K. Rütschi, Pumpenbau Brugg (Schweiz)
Flexibox	Flexibox-GmbH, Frankfurt/Main	Schilde	Benno Schilde K. G., Bad Hersfeld
Freudenberg	Carl Freudenberg, Weinheim/Bergstraße	SKF	SKF-Kugellagerfabriken GmbH, Schweinfurt
GEC	General Electric Co., Shenectady, N. Y. und West-Lynn, Mass. (USA)	SNECMA	Société Nationale d'Etudes et de Construction de Moteurs d'Aviation, Paris (Frankreich)
GHH	Gutehoffnungshütte, Sterkrade/Rhld.		
Goetze	Goetzewerke A. G., Burscheid bei Köln	Solar Aircraft	Solar Aircraft Company, San Diego (USA)
Havilland	De Havilland-Engine-Co. Ltd., Leavesdon Hertfordshire (England)	SSW	Siemens-Schuckert-Werke A. G., Erlangen u. Mülheim/Ruhr
Ingersoll-Rand	Ingersoll-Rand Company Phillipsburg N. J. (USA)	Steinwerder	Steinwerder Industrie A. G., (Blohm & Voss) Hamburg
Junkers	Junkers, Dessau	Sulzer	Gebrüder Sulzer A. G., Winterthur (Schweiz)
Karlstads	Karlstads Mekaniska Werkstad (Schweden)	Voith	J. M. Voith G. m. b. H., Heidenheim/Brenz
Kennametal	Kennametal Inc., Latrobe/Pa. (USA)	Weise	Weise u. Monski, Weise Söhne G. m. b. H., Bruchsal
KKK	Kühnle, Kopp & Kausch, Frankenthal/Pfalz		
Krupp	Friedrich Krupp, Essen	Werkspoor	Werkspoor, Amsterdam (Holland)
Krupp-Ardelt	Krupp-Ardelt GmbH, Wilhelmshaven	Westinghouse	Westinghouse Electric and Manufacturing Co., Philadelphia (USA)
KSB	Klein, Schanzlin & Becker A. G., Frankenthal/Pfalz		

Quellenverzeichnis

A. Bücher

ECK, B.: Ventilatoren, 3. Aufl. Berlin/Göttingen/Heidelberg: Springer-Verlag 1957.

ECKERT, B.: Axialkompressoren und Radialkompressoren. Berlin/Göttingen/Heidelberg: Springer 1953.

GODSEY, F. W. JR., u. L. A. YOUNG: Gas turbine for Aircraft. New York: McGraw-Hill 1949.

Hütte IIA, 28. Aufl. Berlin: Ernst & Sohn 1954.

KRUSCHIK, J.: Die Gasturbine. Wien: Springer 1952.

LOSCHGE, A.: Konstruktionen aus dem Dampfturbinenbau, 2. Aufl. Berlin/Göttingen/Heidelberg: Springer 1955.

V. D. NUELL, W. T., u. A. GARVE: Kreiselpumpen und -verdichter. Stuttgart: Teubner 1957.

PFLEIDERER, C.: Die Kreiselpumpen für Flüssigkeiten und Gase, 4. Aufl. Berlin/Göttingen/Heidelberg: Springer 1955.

PFLEIDERER, C.: Strömungsmaschinen. Berlin/Göttingen/Heidelberg: Springer 1957.

Pumpteknik. Aktiebolaget de Lavals Ångturbin, Stockholm 1956.

QUANTZ, L.: Wasserkraftmaschinen, 10. Aufl. Berlin/Göttingen/Heidelberg: Springer 1954.

STEPANOFF, A. J.: Radial- und Axialpumpen. Berlin/Göttingen/Heidelberg: Springer 1959.

ZIETEMANN, C.: Die Dampfturbinen, 2. Aufl. Berlin/Göttingen/Heidelberg: Springer 1955.

B. Zeitschriften

Abhandlungen der Braunschweigischen Wissenschaftlichen Gesellschaft. Braunschweig: Vieweg & Sohn.
BBC-Nachrichten. Brown, Boveri & Cie A. G., Mannheim.
Brown Boveri-Mitteilungen. Brown, Boveri & Cie A. G., Baden/Schweiz.
Brennstoff, Wärme, Kraft. Düsseldorf: VDI-Verlag.
Charmilles Informations Techniques. Ateliers des Charmilles S. A., Genf.
Energie u. Technik. Düsseldorf: Klepzig.
Escher Wyss — Mitteilungen. Escher Wyss, Zürich/Schweiz.
Forschung auf dem Gebiete des Ingenieurwesens. Düsseldorf: VDI-Verlag.
Konstruktion: Berlin/Göttingen/Heidelberg: Springer.
Kühnle, Kopp & Kausch-Mitteilungen. Kühnle, Kopp & Kausch A. G., Frankenthal/Pfalz.
Luftfahrttechnik. Düsseldorf: VDI-Verlag.
MAN-Forschungsheft. Maschinenfabrik Augsburg-Nürnberg A. G., Augsburg.
Maschinenbau und Wärmewirtschaft. Wien: Springer.
Technische Mitteilungen. Essen: Vulkan-Verlag.
Technische Rundschau Sulzer. Gebrüder Sulzer A. G., Winterthur/Schweiz.
Transactions of the ASMA. The American Society of Mechanical Engineers New York.
Voith Forschung und Konstruktion. J. M. Voith G.m.b.H., Heidenheim/Brenz.
VDI-Zeitschrift. Düsseldorf: VDI-Verlag.
Wälzlagertechnische Mitteilungen. SKF-Kugellagerfabriken G.m.b.H., Schweinfurt.

Sachverzeichnis

Abdichtungen zwischen Laufschaufel und Gehäuse 9, 21
— — — — Nabe 14
— — Welle und Gehäuse 66 ff.
Abgas-turbine 6, 26, 35, f.
—-turbolader 26, 35 f.
Ausgleich des Axialschubes 32
Ausgleichs-kolben 23, 25, 32 f., 47, 58
—-scheibe 32, 46, 54, 62
Außenkühlung 33 f.
Axial-räder 4 f., 10 ff.
—-verdichter 13, 41

Banki-Wasserturbine s. Durchströmwasserturbine
Bindedraht bei Axialschaufeln 12
Blechschaufeln, profilierte 7, 31
Bohrlochpumpe 56

Dampf-Einführung 47, 48, 50, 60
—-turbinen 47, 50 f., 57 ff.
— —-gehäuse 42
Deckbänder 21
Doppelmantel-Turbinen 47 f., 50, 58 ff.
Drallregler 29
Durchström-gebläse 8
—-wasserturbine 8

Einbaulager 41

Francis-Wasserturbine 6 f., 29

Gasturbinen 37 f.
—-anlagen 27
—-laufräder 6, 26
Gebläse 41
Gehäuse in Ringbauweise 52 ff.
—-konstruktionen 40 ff.
—-kühlung 32
Gießverfahren bei Schaufelherstellung 30
Gleitringdichtungen 68, 69
Gleitsteinantrieb 17
Gliederpumpe 54

Heizung in Strömungsmaschinen 39 f.
Herstellung von Schaufeln 30 f.
— — Schaufelrädern s. Schaufelbefestigung

Hochdruck-Dampfturbinen 47 f., 50, 58 ff.
—-Kreiselpumpen 54, 60, 62

Innenkühlung 32

Kammerstufen-Turbinen 50, 57
Kaplanturbinen 14, 21 f., 65
Kesselspeisepumpen 54, 60 ff.
Kohlering-Stopfbüchsen 69 f., 72
Kompressor s. Verdichter
Kreiselpumpen 43 ff., 52 ff., 60, 62
—-laufräder 4, 7
Kühlluftbedarf 37
Kühlung in Strömungsmaschinen 32 ff., 67, 71, 73

Labyrinth-Stopfbüchsen 71 f.
Lagerbock 51 f., 66
Laufradbefestigung 24 f., 27
Laufräder 4 ff.
Laufradnaben 14 f., 17, 21, 38, 53
Laufschaufel-befestigung s. Schaufelbefestigung
—-verstelleinrichtungen 12 ff.
Leiträder 28 f.
Leitschaufel-befestigung s. Schaufelbefestigung
—-verstelleinrichtungen 29
Lenkerantrieb 14 f.
Lippenschweißung 25

Manschettendichtungen 67
Mehrgehäuseturbine 50

Ossberger-Wasserturbine 8

Packungsstopfbüchsen 66 f., 69
Pelton-Turbine 12, 29
Propeller-Pumpen 16, 52 f.
Pumpenlaufräder s. Kreiselpumpenlaufräder

Querstromgebläse 8

Radial-pumpen 43 ff., 52, 54 ff., 60, 62, 73 f.
—-räder 4 ff.
—-verdichter 32 ff., 73
Ringbauweise 52 ff.

Rohrturbine 64 f.
Rotorkühlung 26, 36 ff.

Säurepumpen 55, 67
Schaufelbefestigung von Axialschaufeln 10 ff.
— — Radialschaufeln 8 f., 28
Schaufel-füße s. Schaufelbefestigung
—-herstellung 30 f.
—-kühlung 37 f.
—-profil 7, 10
—-verstellung 12 ff., 29
—-verwindung 10
Schiffskreiselpumpe 45
Schleifringdichtungen s. Gleitringdichtungen
Schweißkonstruktionen 5, 8, 24 ff.
Schwitzkühlung 37
Spaltdichtung s. Abdichtungen
Spaltverluststrom 21
Speisepumpen 54, 60 ff.
Spiralgehäuse 29, 43, 52
Spitzendichtung s. Abdichtungen
Stopfbüchsen s. Wellendichtungen
—-kühlung 67
Stopfbüchslose Strömungsmaschinen 73 f.
Strömungskupplung 57

Topfgehäuse 58 ff.
Trommelläufer 23 ff.
Turbinen-Pumpe 20

Umwälz-pumpen 73 f.
—-Turboverdichter 73

Verdichter 13, 32 ff., 41, 73
—-laufräder 5, 7 ff.
Verstell-einrichtung von Schaufeln s. Schaufelverstellung
—-möglichkeiten von Gehäuseteilen 63
—-propellerpumpen 12, 15 f., 20, 53
Verwindung von Laufschaufeln 10

Wasserring-Stopfbüchse 72
Wasserturbinen 7 f., 14, 17, 19, 21 f., 29, 65
Wellendichtungen 66 ff.

Zwischenboden 40
Zwischenkühler 33 f.,

If you have any concerns about our products,
you can contact us on
ProductSafety@springernature.com

In case Publisher is established outside the EU,
the EU authorized representative is:
**Springer Nature Customer Service Center GmbH
Europaplatz 3, 69115 Heidelberg, Germany**

Printed by Libri Plureos GmbH
in Hamburg, Germany